配电自动化
试验与检测

陈彬 黄建业 张功林 高源 编著

PEIDIAN ZIDONG HUA
SHIYAN YU JIANCE

U0335910

中国电力出版社
CHINA ELECTRIC POWER PRESS

内 容 提 要

当前国内配电自动化建设与改造规模快速增长，新设备新技术应运而生，而关于配电自动化设备、系统及联调试验检测方面的出版物少之又少，本书编写组总结近年来的工作经验，致力于填补这一空白。

本书共 7 章，包括配电自动化试验基础知识、配电自动化终端试验、配电线路故障指示器试验、配电自动化主站测试、配电自动化集成联调测试、配电自动化相关新设备试验和配电自动化试验新技术及应用。

本书适用于供电企业和生产制造企业中从事配电自动化系统设计、制造、检修、试验、科研的专业技术人员和管理人员，还可供大专院校相关专业广大师生阅读参考。

图书在版编目（CIP）数据

配电自动化试验与检测/陈彬等编著. —北京：中国电力出版社，2017.11
ISBN 978 - 7 - 5198 - 1249 - 2

Ⅰ.①配…　Ⅱ.①陈…　Ⅲ.①配电自动化－试验　②配电自动化－检测
Ⅳ.①TM76

中国版本图书馆 CIP 数据核字（2017）第 251082 号

出版发行：中国电力出版社
地　　址：北京市东城区北京站西街 19 号（邮政编码 100005）
网　　址：http：//www. cepp. sgcc. com. cn
责任编辑：罗翠兰（010—63412428）
责任校对：闫秀英
装帧设计：张俊霞　左　铭
责任印制：邹树群

印　　刷：三河市航远印刷有限公司
版　　次：2017 年 11 月第一版
印　　次：2017 年 11 月北京第一次印刷
开　　本：710 毫米×980 毫米　16 开本
印　　张：14
字　　数：240 千字
印　　数：0001－1500 册
定　　价：66.00 元

前　言

作者团队从 2007 年起专注于配电技术研究与工程实践，恰逢 2008 年国内开始发展建设智能电网，配电自动化是智能配电网的一个重要特征，国内配电自动化建设与改造规模快速增长，时至今日，各类配电自动化新设备、新技术、新功能仍层出不穷。想要系统性地了解配电自动化相关技术的读者，可以参阅作者团队编写的《配电自动化系统实用技术》一书，该书详细地论述了配电自动化系统（含主站、子站、终端）的规划建设、设计选型、安装调试、系统验收、运行管理、检测试验等全过程各环节的内容，并阐述了当下供电企业一线技术和管理人员较为关心的配电网系统故障特征与处理技术、国内配电环节智能技术，以国内外配电自动化工程实例和智能配电网工程实例等。

在配电自动化如火如荼的发展进程中，如何防止配电自动化设备和系统"带病入网"和"带病运行"，如何使配电自动化从业人员掌握实用的试验检测技能，这些无疑是当前供电企业面临的紧迫需求。然而，较为系统全面地介绍配电自动化试验检测的理论与实践的专著少之又少。作者团队十年来在配电自动化领域针对各类设备、系统、工程等，开展了大量实验室内和现场的试验和检测，并开展了多种检测技术的研究与成套试验装置的开发。本书既是作者团队的长期试验和检测经验的总结，也是自身研究和开发成果的汇编，希望能为我国配电自动化健康发展做出应有的贡献。

本书是一本全面而深入论述配电自动化试验检测的理论和实践的著作。本书紧密结合配电自动化生产和运行实际，从实验室检测和现场检测的角度详细描述了配电自动化终端、故障指示器、配电自动化主站、配电自动化系统联调及相关新设备的试验系统、试验条件、试验项目及方法、试验类别及规则、试验方案及报告编制、试验典型案例及问题分析等知识。最后详细阐述了其研究并提出的检测新技术和相应开发的检测平台及系统，并针对终端、主站、联调、网络仿真等都介绍了相应的应用方法及实际成效。

本书共 7 章，包括配电自动化试验基础知识、配电自动化终端试验、配电线路故障指示器试验、配电自动化主站测试、配电自动化集成联调测试、配电自动化相关新设备试验和配电自动化试验新技术及应用。

本书由国家电网福建省电力有限公司电力科学研究院陈彬高级工程师任主编，负责全书内容的修改、审定工作，并执笔第 2 章和第 7 章部分内容。黄建业执笔第 1 章、第 5 章、第 6 章部分内容、第 7 章部分内容；张功林执笔第 2 章部分内容、第 4 章、第 7 章部分内容；高源执笔第 3 章、第 6 章部分内容、第 7 章部分内容。在此，感谢福州大学、国网福建电力科学研究院电气工程领域工程硕士专业学位研究生联合培养基地黄妍妍、郑闻文、江思杰等同志认真细致地完成书稿部分插图绘制和文字编校工作，同时也对书中所列参考文献的作者表示感谢。

　　由于编者水平有限，书中不妥或疏漏之处在所难免，恳请读者批评指正。

陈彬

于八闽榕城

2017 年 8 月

目　录

第 1 章

配电自动化试验基础知识

1.1 配电自动化系统组成与运行

1.1.1 系统组成

配电自动化（Distribution Automation，DA）是指以一次网架和设备为基础，以配电自动化系统为核心，综合利用多种通信方式，实现对配电系统的监测与控制，并通过与相关应用系统的信息集成，实现配电系统的科学管理。

配电自动化系统（Distribution Automation System，DAS）是实现配电网运行监视和控制的自动化系统，其组成示意图如图 1-1 所示。它由配电主站、配电终端［包括馈线终端（Feeder Terminal Unit，FTU）、站所终端（Distribution Terminal Unit，DTU）、配变终端（Transformer Terminal Unit，TTU）］、配电子站（可选）和通信网组成，并通过企业总线与相关生产管理系统互联，包括地理信息系统（Geographic Information System，GIS）、生产管理系统（Power Production Management System，PMS）、营销管理系统、企业资源计划（Enterprise Resource Planning，ERP）等。

1. 配电主站

配电主站是配电自动化系统的核心部分，它主要实现配电网数据采集与监控等基本功能和电网分析应用等扩展功能。配电主站主要由计算机硬件、操作系统、支撑平台软件和配电网应用软件等组成，通过基于 IEC 61968 的信息交换总线或综合数据平台与上级调度自动化、专变压器及公用变压器监测系统、居民用电信息采集系统等实时/准实时系统实现快速信息交换和共享；与配电 GIS、生产管理、营销管理、ERP 等管理系统接口，扩展配电管理方面的功能，并具有配电网的高级应用软件，实现配电网的安全经济运行分析及故障分

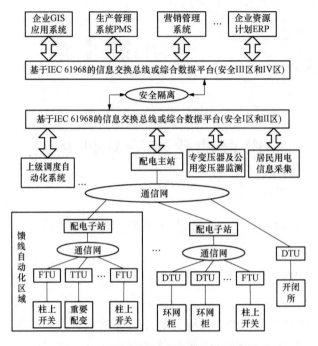

图1-1 配电网自动化系统组成示意图

析功能等。

2. 配电终端

配电终端是安装于中压配电网现场的各种远方监测、控制单元的总称，随着配电自动化技术的发展，其他类型配电终端还包括配电线路分段控制器、分界开关、"二遥"型故障指示器等。

馈线终端FTU是安装在配电网馈线回路的柱上等处并具有遥信、遥测、遥控等功能的配电终端；站所终端DTU是安装在配电网馈线回路的开关站、配电室、环网柜、箱式变电站等处，具有遥信、遥测、遥控等功能的配电终端；配变终端TTU是用于配电变压器的各种运行参数的监视、测量的配电终端。故障指示器是安装在配电线路上，用于检测线路短路故障和单相接地故障、并发出报警信息的装置。其中，可利用无线或光纤等通信方式进行的故障信息传输的配电线路故障指示器又称为远传型故障指示器，一般由两部分组成：一部分是有通信功能的采集单元；另一部分是汇集单元。采集单元检测短路故障或接地故障，发出故障指示信号，通过短距离通信系统上传至汇集单元；汇集单元接收探头的数据信息，进行分析、编译，并向主站系统转发。带通信功能的故障指示器根据使用场合分为架空线型故障指示器和电缆型故障指示器，可选择带有电流测量或（和）温度测量功能。

3. 配网通信系统

配网通信系统的主要功能是提供通道，将主站或子站的控制命令准确地传送到为数众多的配电终端，并且将反映远方设备运行情况的数据信息收集到主站或子站，从而实现主站与各子站及远方终端之间的互相通信，传递数据信息、设备状态、控制命令等功能。配电通信系统可以利用专网或公网，以配电主站与配电子站之间的通信通道为骨干层通信网络，以配电主站（子站）至配电终端的通信通道为接入层通信网络。

1.1.2 系统运行

1. 主站系统运行

运行中的配电自动化主站需实时监控配电网的运行状态，包括一次设备的有功、无功、电流、电压值等模拟量，实时量测开关位置、隔离开关、接地开关位置、保护硬接点状态以及远方控制投退信号等其他各种开关量和多状态的数字量，实时量测保护、安自装置、备自投等二次设备数据；以毫秒级精度记录所有电网开关设备、继电保护信号的状态、动作顺序及动作时间，形成动作顺序表；实时监视分析配电自动化终端运行工况，实时统计其在线率、遥控成功率等。一旦配电网出现故障，主站可以选用全自动或半自动馈线自动化模式处理。其中，全自动模式由主站通过收集区域内配电终端的信息，判断配电网运行状态，集中进行故障定位，自动完成故障隔离和非故障区域恢复供电；半自动模式由主站通过收集区域内配电终端的信息，判断配电网运行状态，集中进行故障识别，通过遥控完成故障隔离和非故障区域恢复供电。主站通过WEB 发布配电网实时运行状态、历史数据、统计分析结果、故障分析结果等信息。配电自动化主站同时动态管理着系统运行状态，动态监视服务器 CPU负载率、内存使用率、网络流量和硬盘剩余空间等信息；管理着整个主站系统中硬件设备、软件功能的运行状态等。

配电主站由调度中心归口管理。配电主站运行维护人员负责定期对主站设备进行巡视、检查、记录，发现异常情况及时处理。若发现配电终端（子站）、通信通道运行异常，应及时通知有关运行维护部门进行处理。

2. 配电自动化终端运行

运行的终端可以自诊断，异常时能上送报警信息，巡视人员可以通过终端的状态指示灯分析运行终端的"健康状况"。配电终端由运检部门归口管理。配电终端运行维护人员应定期对终端设备进行巡视、检查、记录，发现异常情况及时处理；建立配电终端设备的台账（卡）、设备缺陷、测试数据等记录。

3. 配电线路故障指示器运行

运行时，故障指示器除给主站发送心跳帧外，其余时间均处于休眠状态，当线路发生单相接地或短路故障时，故障指示器苏醒，采集单元经短无线上传故障信息给汇集单元。汇集单元采用双向加密方式，通过无线公网 VPN 专线网络向配电自动化主站发送故障信息，其中录波型故障指示器甚至可发送故障波形数据。配电自动化主站根据反馈的故障信息，综合研判，进行故障定位，并采用短信平台向巡视人员发送故障位置指示。巡视人员可通过短信指示，结合现场故障指示器的故障闪烁翻牌状态开展消缺工作。

配电线路故障指示器现场运维由运检部门归口管理，数据收集和故障研判由调度中心管理。运行维护人员应定期对设备进行巡视、检查、记录，发现异常情况及时处理；建立配电线路故障指示器的台账（卡）、设备消缺、异动等记录。

4. 通信系统运行

配电通信系统运行主要包括要上传遥测和遥信数据等上行数据，下达控制指令和遥调指令等下行数据，并实现网络管理。配电通信由信通部门归口管理。配电通信设备进行运行维护时，如需要中断通道，则应先取得配电主站运行维护人员的同意。当配电通信系统发生异常时，应通知通信运行维护人员及时处理。

5. 系统运行评价

配电自动化系统运行评价可以从实用化水平、供电可靠性水平、协调性水平、经济社会效益水平等方面，进行系统的、客观的分析和评价。

实用化水平评价主要包括主站月平均在线率、配电终端月平均在线率、通信系统及安全防护体系、配电网主要功能应用、馈线故障处理、遥控使用率、遥控成功率、遥信动作正确率、配电线路图完整率、中压设备异动同步更新率等评价指标。主站月平均在线率、配电终端月平均在线率是评价自动化系统设备运行情况的主要指标。通信系统及安全防护体系主要评价通信系统运行情况，包括数据网络安全防护措施和网络安全隔离措施等方面。馈线故障处理主要评价故障定位、隔离以及恢复等功能的实现，从故障定位准确率和隔离成功率等方面进行评价。遥控使用率、遥控成功率、遥信动作正确率主要评价配电自动化系统实用化情况。配电线路图完整率、中压设备异动同步更新率主要评价配电自动化与 PMS、GIS 等系统信息交互能力。

供电可靠性水平评价主要包括提高供电可靠性、降低线损、10kV 线路平均倒闸操作减少时间、10kV 架空线路平均故障定位减少时间、10kV 电缆线路平均故障定位减少时间、非故障区域平均恢复减少时间等评价指标。提高供电可靠性主要评价配电自动化通过馈线故障处理、设备故障分析与抢修指挥管理等功能应用，减少检修停电和故障停电时间。通过比较配电自动化投运前后线损率年均降低量，评价通过配电自动化应用，优化电网运行方式，导致线损降低程度。10kV线路平均倒闸操作减少时间主要评价通过配电自动化遥控操作改变电网运行方式，减少现场操作时间。10kV线路平均故障定位减少时间主要评价通过配电自动化及时发现故障并准确定位，减少人工故障现场检测时间。非故障区域平均恢复减少时间主要评价通过配电自动化隔离故障，快速恢复非故障区域供电，减少停电时间。

协调性水平评价包括一、二次规划建设协调、配电自动化与通信网建设及应用协调。一、二次规划建设协调主要评价配电网规划设计与改造是否同步考虑配电自动化建设需求，通过配电终端同步投运率（含预留安装位置）体现。配电自动化与通信网建设及应用协调主要通过网络误码率和网管系统是否实现配置管理、性能管理、故障管理、安全管理等功能进行评价。

经济社会效益水平评价包含企业投入产出比、全社会投入产出比等评价指标。企业投入产出比是指配电自动化投资与配电自动化带给企业效益的比值。企业效益包括降低电网运行维护成本、供电可靠增益、降低线损增益和延缓电网投资。按A+~E不同供电分区（分类规则见附录）分别计算投入产出比，比较不同供电分区建设配电自动化的经济性。全社会投入产出比指配电自动化投资与配电自动化带给全社会效益的比值。全社会效益包括企业效益和拉动经济效益。

1.2 配电自动化试验分类及组织

1.2.1 试验分类

1. 配电自动化终端设备试验分类

配电终端设备的试验包括功能验证、型式试验、出厂试验、专项检测、到货抽检、交接检测。

功能验证是配电自动化设备根据设计要求对需要完成的功能进行验证，包括验证单个产品模块或组成系统的性能是否满足要求，验证在不同参数下的产品功能，以及验证与不同参数下的其他产品的兼容性。

配电终端设备型式试验是通过对全系列产品在电磁兼容、环境气候以及机械强度等各种试验条件下进行测试，来验证功能的正确度。

配电终端设备出厂试验是通过对其在出厂前进行功能性试验、绝缘测试，来验证产品的出厂质量。

功能验证、型式试验、出厂试验均由生产厂家组织完成，而为了严格控制产品质量，用户可以根据产品的采购量、质量水平组织专项检测、到货抽检、交接试验。

专项检测是指针对某一批次产品组织的标前或标后检测，为产品的招标或供货提供技术依据，其检测项目可以参照型式试验进行。到货抽检是指成批装置采购到货，或根据装置的运行工况，以批次为单位随机抽取样品进行功能、性能检测，被抽查样品代表整批产品的质量水平。交接试验是设备安装后，移交运维方而开展的检测。

2. 配电自动化主站软件试验分类

按照产生测试数据的来源，主站软件测试可分为黑盒测试和白盒测试。

（1）黑盒测试。一种以需求和功能规范及界面为基础的测试方法，这种测试方法无须了解整件内部结构，一般对编译完成的执行代码进行测试，通过给定的输入、输出响应来验证软件的功能。

（2）白盒测试。一种以程序为基础或以程序和需求相结合为基础的测试方法，这种方法必须了解程序的结构而不考虑程序的功能。白盒测试一般由开发软件的研发单位组织，对软件系统源代码的质量进行测试，一般通过专用的软件测试工具来完成。

各种测试方法在配电自动化系统中的应用如图1-2所示。针对模块设计的单元测试以白盒测试方法为主，针对子系统设计的集成测试以黑盒结合白盒测试方法为主，针对系统设计和用户协议/需求的系统测试和验收测试以黑盒测试方法为主。

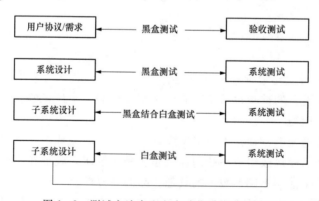

图 1-2 测试方法在配电自动化系统中的应用

3. 配电自动化系统试验分类

配电自动化系统在不同阶段的试验可分为出厂试验和现场联调试验。出厂试验和现场联调试验都要进行功能测试、性能测试、稳定性测试和安全性测试等。

（1）功能测试是按照配电自动化系统功能规范及有关技术协议文件进行功能验证，具体验证协议中各种功能的完成情况。

（2）性能测试是按照验收准则结合系统配置进行性能指标测试，这部分主要对系统各项功能的技术指标的实现情况进行测试，对每项指标都要测试足够长的时间，一般连续测试时间不少于 20min。

（3）稳定性测试主要测试系统运行的稳定性，在出厂试验中应连续测试72h 以上，在现场联调试验中投入试运行后在设定的工况下连续测试 3 个月，系统不能出现影响正常运行、降低实时性与可靠性等方面的故障。

（4）安全性测试考虑系统对各种操作的检查、闭锁、记录、权限管理、密码认证、有效性审核、内部误操作、外部恶意攻击、病毒预防检测过滤等方面的防护机制与效能。随着与其他系统的互联以及因特网的融入，系统的安全性显得越来越重要。

1.2.2 试验组织

1. 测试前

测试前，需要准备好测试系统，配备测试仪器仪表及测试软件，配备足够的测试人员，针对测试过程编写测试计划或测试大纲。在测试计划中要明确编写目的，测试背景、测试内容、进度安排、测试设计说明及评价准则等。

2. 测试中

在测试过程中必须严格执行测试计划，测试记录要完备，不能有漏项。

测试计划中要阐述编写的目的、背景，测试内容要列出每一项测试项目的名称、进度安排以及测试的具体内容。

测试的条件要写明测试工作对资源的要求，包括所用到的设备及软件，如测试驱动程序、测试监控程序、仿真程序等。

测试过程要说明测试的控制方式、测试中所使用的输入数据、预期的输出数据、完成此项测试的每一个步骤和控制命令。

测试评价准则中要说明所选择的测试用例能够检查的范围及其局限性，说明用来判断测试工作是否能通过的评价尺度，如合理的输出结果类型、测试输出结果与预期输出之间的允许偏离范围、允许中断或停机的最大次数等。

3. 测试后

测试之后，要对测试内容与结果进行分析，形成测试分析报告，在测试分析报告中要明确编写目的、背景、测试概要、分析摘要及评价。

测试分析报告中的测试概要部分要用表格形式列出每一项测试标识符及其测试内容，并指明实际进行的测试工作内容与测试计划中预先设计内容之间的差别，说明做出这种改变的原因。把本项测试中实际得到的动态输出结果同动态输出的要求进行比较，陈述其中的各项发现。

测试功能的结论阐明系统经过一项或多项测试已证实的能力以及经测试证实的配电自动化系统缺陷和限制，说明每项缺陷和限制对配电自动化系统性能的影响，以及全部测得的性能缺陷的累积影响和总影响。对每项缺陷提出改进建议，评价中说明该项系统功能的开发是否已达到预定目标，能否交付使用。

1.3 试 验 误 差

1.3.1 测量和测量误差的概念

测量指把未知的被测量值通过与已知的相应标准量值进行比较，以求得未知量值的一种实验过程。根据获得被测量值方法的不同，测量一般分为直接测量法和间接测量法两类。

（1）直接测量法。用仪器仪表直接测量和读取被测值的一种测量方法，如用万用表测电压、电流，用电桥测电阻等。

（2）间接测量法。指根据直接测量所读取的若干数据，通过一定函数关系计算出测量结果的一种测量方法，如用电阻法测量线圈温升，以及在短时耐受电流能力试验时，通过测量电流和时间，计算焦耳积分值（I^2t）等。

配电自动化试验中涉及的电测量主要有交流电压、交流电流、直流电压、功率、相位、频率等，均采用直接测量法进行测量。

测量中由于一些因素的限制，如测量仪表不准确、测量方法有欠缺、测量者经验不足等都可以使测得的值与被测量的"真值"之间有些差别，这一差别就称为误差。由于测量难免有误差，所以通过测量要得到被测量的真值一般是不可能的，即上述的"真值"只是理论上的，实际上无法得到。没有真值，被测值的误差也就无法计算。为解决此问题，实际测量中将准确等级更高的仪表（仪器）测得的值视为真值。例如，配电自动化试验中，要求配电终端电流、电压准确等级达到 0.5%，选用准确等级高两级的万用表，即精度为 0.1% 或更高，将其测得的值作为相对于测量值的真值，一般称为实际值。

1.3.2　误差的分类

按表示方式和性质等的不同，误差有不同类别。

1. 按表示方式分类

（1）绝对误差。绝对误差是测量值与被测量真值之差，即

$$\Delta x = x - x_0 \qquad\qquad (1-1)$$

式中　Δx——绝对误差；

$\quad\quad x$——测量值；

$\quad\quad x_0$——被测量值。

绝对误差的表示方式可以体现出测量值与被测量实际值之间的偏离程度和方向，但不能确切地反映出测量的准确程度，故还需引出相对误差的概念。

（2）相对误差。相对误差是绝对误差与被测量真值的比，当测量值误差不大时，也可以近似用绝对误差与测量值的比作为相对误差，通常以百分数表示，即

$$\gamma = \frac{\Delta x}{x_0} \times 100\% \approx \frac{\Delta x}{x} \times 100\% \qquad\qquad (1-2)$$

式中　γ——相对误差；

$\quad\quad \Delta x$——绝对误差；

$\quad\quad x$——测量值；

$\quad\quad x_0$——被测量值。

相对误差通常用来评价测量（或量具及测量仪器）的准确度，相对误差越小，准确度越高。但相对误差却不能用来评价指示仪表的准确度，因为指示仪表可测范围不是一个点，而是一个量程，在仪表标尺的不同部位，其绝对误差是不相同的，即使绝对误差在仪表标尺的全长上保持恒定，随着被测量的减小，相对误差也将增加，且有增至无限大的趋势。这样就使得在仪表标尺的各个不同部位，相对误差不是一个常数且变化很大，因此引出基准误差的概念。

（3）基准误差。基准误差是指示仪表示值的绝对误差与基准值（测量范围上限）之比，通常用百分数表示，即

$$\gamma_{\mathrm{m}} = \frac{\Delta x}{x_{\mathrm{m}}} \times 100\% \qquad\qquad (1-3)$$

式中　γ_{m}——基准误差；

$\quad\quad \Delta x$——绝对误差；

$\quad\quad x_{\mathrm{m}}$——基准值。

由于仪表各示值的绝对误差不一定相等，因此，为了评价仪表的准确度，

式（1-3）中的分子取仪表示值中的最大绝对误差，则仪表的最大基准误差或仪表的允许误差为

$$\gamma_{m-max} = \frac{\Delta x_m}{x_m} \times 100\%$$ (1-4)

式中　γ_{m-max}——最大基准误差或仪表的允许误差；

　　　Δx_m——最大绝对误差；

　　　x_m——基准值。

2. 按基本性质分类

（1）系统误差。系统误差是在同一被测量的多次测量过程中，保持恒定或以可预知方式变化的测量误差的分量。系统误差包括已定系统误差和未定系统误差，已定系统误差是指符号和绝对值已经确定的系统误差；未定系统误差是指符号和绝对值未经确定的系统误差。

（2）随机误差。也称偶然误差，是在同一量的多次测量过程中，以不可预知方式变化的测量误差的分量。它与系统误差不同点在于它的发生和变化是随机的，即相同条件下重复测量同一量值时，误差大小和符号都在变化。

（3）粗大误差。也称疏失误差，指测得的数据与真值明显不符的一种测量误差，是明显超出规定条件下预期的误差。

1.3.3　误差的表达

在评定误差时，常用的表征量有以下几个。

（1）方差。方差是无限多个测量误差平方的平均值。由于无限多次测量无法实现，所以总是用有限个测量误差平方的平均值作为方差的估计值。

测量某一参数 x，测量值的算术平均值为

$$\bar{x} = \frac{1}{n} \sum_{i=1}^{n} x_i$$ (1-5)

式中　$\bar{x}$——测量值的算术平均值；

　　　n——测量次数；

　　　x_i——第 i 次测量值。

则方差为

$$S^2 = \frac{1}{n-1} \sum_{i=1}^{n} (x_i - \bar{x})^2$$ (1-6)

由统计理论分析，系统 $\frac{1}{n}$ 应取为 $\frac{1}{n-1}$ 更为合适。

（2）标准偏差。标准偏差是方差的正平方根值，即

$$S = \sqrt{\frac{1}{n-1} \sum_{i=1}^{n} (x_i - \bar{x})^2} \qquad (1 - 7)$$

1.3.4 误差的处理

误差的消除处理主要指系统误差的消除，常见系统误差发生的原因及消除方法如下：

1. 试验和测量设备误差的消除

试验设备包括试验用电源、电源电压调节等设备。如果电源电压和频率不够稳定或电压波形有畸变等都会引起测量误差。调节电压或电流用的设备也常是引起波形畸变的主要原因。为了消除或减小由这些原因引起的系统误差，应在设备投入前进行性能的检查和验收。

测量设备主要指各种测量仪器仪表。由于测量仪器仪表本身有固有误差，故用于测量被测量值时难免出现测量误差，消除此误差主要有以下措施。

（1）所用仪表应是经过检定合格的，且有校正值数据。

（2）检查仪表放置是否水平位置。

（3）仪表指针是否正确指零。

（4）仪表放置附近应无大电流导线经过，避免强磁场的干扰。

（5）连接至仪表导线应互相绞起来或置在铁管内，减少电磁场干扰。

（6）仪表放置处环境温度要比较恒定，附近不可有热源。

2. 方法误差的消除

方法误差是由测量方法不够完善引起的，消除方法误差可采用修正法，也可改用其他测量方法。

3. 环境误差的消除

可引起测量误差的环境条件有温度、湿度、电磁场、热源等。由于环境条件对测量误差的影响是复杂多样的，因此最好的办法是严格控制试验和测量时的环境条件。

4. 人员误差的消除

人员误差主要指读数不准确，这种由读数引起的误差称为视差。又如，几个仪表必须同时读数时由于多人之间配合不好，也容易发生读数误差。消除视差的办法是要做到十分认真地读数，必要时可以改用数字式仪表来测量等。

5. 采用特殊测量方法消除或削弱系统误差

比较法可以较好地消除或削弱测量中的系统误差。比较法又可分为零值法、微差法、替代法等。

例如，电桥法测量电阻就是典型的一种零值法。由于测量完成时检流计是指零，故此法误差仅与检流计灵敏度有关，而与检流计示值精度无关，即测量误差仅取决于比较用的标准量具的误差，与检流计误差无关。

微差法是通过测量已知值与被测值微小差值来求得被测值的一种测量方法。电桥法中有平衡电桥和不平衡电桥两种，前者属于零值法，后者是微差法的一个例子。

替代法是通过用同一测量装置分别测量未知量和已知量来确定未知量的一种方法。

1.3.5　数值修约

1. 术语

（1）修约间隔。用于确定修约保留位数。修约间隔的量值一旦确定，修约值即为该量值的整数倍。

（2）有效数字。对没有小数位且以若干个零结尾的数值，从非零数字最左一位向右数得到的倍数减去无效零（即仅为定位用的零）的个数；对其他十进位数，从非零数字最左一位向右数得到的位数，就是有效数字。

（3）0.5单位修约（半个单位修约）。指修约间隔为指定数位的0.5单位，即修约到指定数位的0.5单位。

（4）0.2单位修约。指修约间隔为指定数位的0.2单位，即修约到指定数位的0.2单位。

2. 确定修约位数的表达方式

（1）指定数位。

1）指定修约间隔为10^{-n}（n为正整数），或指明将数值修约到n位小数。

2）指定修约间隔为1，或指明将数值修约到个数位。

3）指定修约间隔为10^n（n为正整数），或指明将数值修约到10^n数位，或指明将数值修约到"十""百""千"……数位。

（2）指定将数值修约成n位有效数位。

3. 进舍规则

（1）若拟舍弃数字的最后一位数字小于5时，则舍去，即保留的各位数字不变。

（2）若拟舍弃数字的最后一位数字大于等于5，其后跟有并非全部为0的数字时，则进一，即保留的末尾数字加1。

（3）若拟舍弃数字的最左一位数字为5，而其右边无数字或皆为0时，若所保留的末尾数为奇数则进一，为偶数则舍弃。

（4）负数修约时，先将其绝对值按上述（1）～（3）的规则进行修约，再在修约值前加上"一"。

4. 不许连续修约

（1）拟修约值应在确定修约位数后一次修约获得结果，不得多次连续修约。

（2）在具体实施中，有时测试与计算、判定人员不同，为避免产生连续修约的错误，应按以下步骤进行：

1）报出数值最右的非零数字为 5 时，应在数值后面加"（＋）"或"（一）"或不加符号，以分别表示已进行过舍、进或未舍未进。

2）如果判定报出值需要进行修约，当拟舍弃数字的最左一位数字位 5 而后面无数字或皆为零时，数值后面有"（＋）"号者进一，数值后面有"（一）"号者舍去，其他仍按照上述第 3 条的规则进行修约。

5. 单位修约

必要时，可采用 0.5 单位修约和 0.2 单位修。

（1）0.5 单位修约。将拟修约数值乘以 2，按指定数位根据上述第 3 条的规则进行修约，所得数值再除以 2。

（2）0.2 单位修约。将拟修约数值乘以 5，按指定数位根据上述第 3 条的规则进行修约，所得数值再除以 5。

1.3.6 配电自动化试验对误差的要求

1. 配电终端对误差的要求

（1）交流工频电量基本误差要求。配电终端采集的交流工频电量包括交流电压、交流电流、频率、无功功率、有功功率、功率因数等，与参比条件下，交流电压、交流电流、频率允许误差为 ± 0.50％，无功功率、有功功率、功率因数允许误差为 ± 1.00％。

（2）交流工频输入量的影响量。

1）输入量频率变化引起的改变量。改变输入量的频率值为参比频率的 ±10％（45Hz 和 55Hz 两个值），与参比条件下测定的交流工频电量相比，要求电压、电流测量变差不超过 ±0.5％，有功、无功测量变差不超过 ±1.0％。

2）输入量电流/电压变化引起的改变量。改变输入电流为标称值的 20％～120％，与参比条件下的功率因数相比，功率因数测量变差不超过 ±1.0％。改变输入电压为标称值的 80％～120％，与参比条件下的功率因数相比，功率因数测量变差不超过 ±1.0％。

（3）电源电压变化引起的改变量。改变远动终端装置的电源电压为额定电压的 80％和 120％，要求电压、电流测量变差应不超过 ±0.25％，有功、无功测量变差应不超过±0.5%。

（4）输入量波形畸变引起的改变量。在基波上叠加谐波分量值，谐波含量为20%，叠加谐波时应保证标准源输出量的有效值不变。叠加的谐波次数分别为3、5、7、9、11、13次，并改变基波与谐波的叠加角度分别为0°和90°，要求电压、电流测量变差不超过±1.0%，有功、无功测量变差不超过±2.0%。

（5）功率因数变化引起的改变量。改变功率因数 $\cos\varphi$ 值为 $0.5>\cos\varphi\geqslant0$，超前或滞后各选取一点，保持有功或无功功率输入的初始值不变。要求功率因数测量变差不超过±1.0%。

（6）不平衡电流引起的改变量。任何一相电流断开，电压保持平衡和对称，并保持有功或无功功率输入的初始值相等，要求有功、无功测量变差不超过±1.0%。

（7）被测量超量限引起的改变量。在输入标称值的120%时测出误差与在输入标称值的100%时测出基本误差之差不应超过等级指数的50%。

（8）环境温度变化引起的改变量。

1）高温时引起的改变量。高温45℃时测得的交流工频电量与参比条件下测定的交流工频电量相比，要求电压、电流测量变差不超过±0.5%，有功、无功测量变差不超过±1.0%。

2）低温时引起的改变量。低温0℃时测得的交流工频电量与参比条件下测定的交流工频电量相比，要求电压、电流测量变差不超过±0.5%，有功、无功测量变差不超过±1.0%。

（9）三相功率测量单元之间相互作用引起的改变量。在参比条件下，仅一个测量单元的电压按其标称电压通电，电流为0。其他每一单元的电流通以标称电流，电压为0。此时三相功率应为0，使电压和电流之间的相位角在0～360°改变，记录输出的最大偏离值。对应于输入的三相功率为0时，输出的三相功率最大偏差应不超过±0.5%。

（10）故障电流基本误差要求。故障电流输入范围为10倍额定电流时，要求故障电流的总误差应不大于±5%。

（11）直流量基本误差要求。直流量基本误差要求不大于0.5%。

2. 故障指示器对误差的要求

（1）交流电流基本误差要求。

1）负荷电流为0～100A时，测量误差不超过±3%。

2）负荷电流为100～600A时，测量误差不超过±3%。

（2）最大峰值瞬时误差要求。暂态录波型故障指示器故障指示器在接地故障录波暂态性能中最大峰值瞬时误差应不大于±10%。

1.4　测量不确定度

测量误差是测量结果与被测量真值之差，由于真值是一个理想的概念，一般是不可知的，因此以真值为中心的测量误差也是一个理想的概念。鉴于此，20世纪80年代以来，国际上应用了测量不确定度的新概念，且已被我国采纳。现在进行检验机构的计量认证时，已将不确定度作为一项考核指标。

测量不确定度简称不确定度，是与测量结果相关联的参数，《测量不确定度评定与表示》（JJF1059.1—2012）中其定义是"根据所获信息，表征赋予被测量值分散性的非负参数"。它描述了测量结果正确性的可疑程度或不肯定程度，用于评价测量的水平和质量。不确定度越小，则测量结果的可疑程度越小，可信程度越大，测量结果的质量越高，水平越高，其使用价值越高，反之亦然。

根据表示方式的不同，测量不确定度在使用中有下述3种不同的说法。

（1）标准不确定度 u 用标准偏差表示测量结果的不确定度。测量不确定度的每个来源用其概率分布的标准偏差估计值表征，称为标准不确定度分量（standard uncertainty），用 u_i 表示。测量不确定度一般由多个分量组成，其中一些分量可以由一系列实验数据的统计分布评定，以实验标准偏差表征；另一些分量是基于经验或其他信息假定的概率分布评定，也可以用标准偏差表示。为了表达方便，把用统计方法评定的分量称为A类评定，所评定的不确定度分量称为A类不确定度；用其他方法（非统计方法）评定的分量称为B类评定，所评定的不确定度分量称为B类不确定度。要注意的是，A类、B类的差别只是评定方法不同而已，A类和随机、B类和系统不一定存在简单的对应关系。

（2）合成标准不确定度 $u_C(y)$（combined standard uncertainty）简称为合成不确定度。它是根据其他一些量值求出的测量结果的标准不确定度，如A类分量与B类分量，通过合成方差的方法合成而成。

（3）扩展不确定度 U（expanded uncertainty）用包含因子 k（coverage factor）乘以合成标准不确定度，得到一个区间来表示的测量不确定度。它将合成标准不确定度扩展了 k 倍，从而提高了置信水平，有时也称为展伸不确定度或范围不确定度或总不确定度。所以，扩展不确定度是规定测量结果区间的量，可期望该区间包含了合理赋予的被测量值分布的大部分。

1.4.1　测量不确定度的来源

完整的测量结果应包括被测量的估计值及其测量不确定度。测量中可能导致测量不确定度的来源一般可从以下方面考虑，但应根据实际测量情况进行具体分析。

（1）被测量的定义不完整、定义值复现不理想及测量方法不理想。

（2）测量设备不完善，在数据处理时所引用常数及其他参数值不准确。

（3）测量环境不理想或对测量环境的影响认识不足。例如，把被测样品放在恒温器内的油槽中，使其温度恒定。由于槽温是循环变化的，因此样品瞬时温度可能与槽中温度计指示的温度有差别。

（4）测量人员技术不熟练。比如，模拟式仪表的人员读数有偏差。

（5）在相同测量条件下，对被测量重复观测时存在随机变化，即随机影响。

分析测量不确定度来源时，除了定义的不确定度外，还可以从测量仪器、测量环境、测量人员、测量方法等方面全面考虑，特别要注意对测量结果影响较大的不确定度来源，应尽量做到不遗漏、不重复，使评定得到的测量不确定度不致过小或过大。

1.4.2　标准不确定度的评定

1. 测量模型的建立

设输入量 X_i 的估计值为 x_i，被测量 Y 估计值为 y，则测量模型可写成 $y=f(x_1,x_2,\cdots,x_N)$。测量模型与测量方法有关，在简单的直接测量中，测量模型可能简化为 $Y=X_1-X_2$，甚至简化为 $Y=X$。

在分析测量不确定度时，测量模型中的每个输入量的不确定度均是输出量的不确定度的来源。

被测量 Y 的最佳估计值 y 通过输入量 X_1，X_2，$\cdots$，X_N 的估计值 x_1，x_2，$\cdots$，x_N 得出时，可有式（1-8）和式（1-9）两种计算方法。

$$y=\bar{y}=\frac{1}{n}\sum_{i=1}^{n}y_i=\frac{1}{n}\sum_{i=1}^{n}f(x_{1k},x_{2k},\cdots,x_{Nk}) \qquad (1-8)$$

式中　y——Y 的 n 次独立测得值 y_i 的算术平均值，其每个测得值 y_i 的不确定度相同，且每个 y_i 都是根据同时获得的 N 个输入量 X_i 的一组完整的测得值求得的；

n——测量次数；

x_i——第 i 次测量值。

$$y=f(\bar{x}_1,\bar{x}_2,L,\bar{x}_N) \qquad (1-9)$$

式中：$\bar{x}_i=\frac{1}{n}\sum_{i=1}^{n}x_{m,i}$，它是第 m 个输入量的 i 次独立测量所得的测得值 $x_{m,i}$ 的算

术平均值。这一方法的实质是先求 X_i 的最佳估计值 $\bar{x}_i$，再通过函数关系式计算得出 y。

以上两种方法，当 f 是输入量 X_i 的线性函数时，它们的结果相同。但当 f 是 X_i 的非线性函数时，应采用式（1-9）的计算方法。

2. 标准不确定度分量的 A 类评定

A 类评定是对一系列观测值用统计分析进行标准不确定度评定的方法。

对被测量进行独立重复测量，通过所得到的一系列测得值，用统计分析方法获得实验标准偏差 S，当用算术平均值 $\bar{x}$ 作为被测量估计值时，被测量估计值的 A 类标准不确定度为

$$u_A(\bar{x}) = S(\bar{x}) = \frac{S}{\sqrt{n}} \tag{1-10}$$

式中　$u_A(\bar{x})$——A 类标准不确定度；

　　　　S——标准偏差；

　　　　n——测量次数。

在重复性条件或复现性条件下对同一被测量独立重复测量 n 次，得到 n 个测得值 $x_i(i=1, 2, \cdots, n)$，被测量 X 最佳估计值是 n 个独立测得值的算术平均值 $\bar{x}$，由式（1-6）计算单个测得值 X 的实验标准偏差 S。被测量估计值 $\bar{x}$ 的 A 类标准不确定度由式（1-10）计算得到。

如果测量结果取一个测得值 x_i，对应的 A 类标准不确定度为 $u_A(x_i)=S$。如果测量结果取 n 次测得值的平均值 $\bar{x}$ 时，对应的 A 类标准不确定度见式（1-10）。如果测量结果取其中的 m 个测得值的平均值 $\bar{x}_m$ 时，对应的 A 类标准不确定度为 $u_A(\bar{x}_m)=S/\sqrt{m}$。这三种情况的自由度 ν 均为 $n-1$。

3. 标准不确定度分量的 B 类评定

B 类评定是用其他方法进行标准不确定度评定，在不确定度评定中应用广泛。例如，所使用仪器设备的校准证书、检定证书、准确度等级、暂用的极限误差、技术说明书或有关资料提供的数据及其不确定度，还有历史测量数据、经验等。

根据有关的信息或经验，判断被测量的可能值区间 $(\bar{x}-a, \bar{x}+a)$，根据被测量在区间 $(\bar{x}-a, \bar{x}+a)$ 内的概率分布得到包含因子 k，则 B 类标准不确定度为

$$u_B = \frac{a}{k} \tag{1-11}$$

式中　u_B——B 类标准不确定度；

　　　　a——区间半宽度；

k——包含因子。

当 k 为扩展不确定的倍乘因子时称包含因子，其他情况下根据概率论获得的 k 称置信因子。

区间半宽度 a 根据有关信息确定，信息来源一般有以下几个。

（1）历史测量数据。

（2）对有关材料和测量仪器特性的了解和经验。

（3）技术说明书。

（4）校准证书、检定证书或其他文件提供的数据。

（5）手册或某些资料给出的参考数据及其不确定度。

（6）检定规程、校准规范或测试标准中给出的数据。

（7）其他有用的信息。

包含因子 k 则根据概率分布得到。假设为正态分布时，查表 1-1 得到 k 值。

表 1-1　　　　　　正态分布情况下置信概率 p 与包含因子 k 的关系

p	0.50	0.68	0.90	0.95	0.954 5	0.99	0.997 3
k	0.67	1	1.645	1.96	2	2.576	3

假设为非正态分布时，查表 1-2 得到 k 值。

表 1-2　　　　　　其他分布情况下置信概率 P 与包含因子 k 的关系

分布类别	矩形（均匀）	三角	梯形	反正弦	两点
k	$\sqrt{3}$	$\sqrt{6}$	2	$\sqrt{2}$	1
u_{B}	$\dfrac{a}{\sqrt{3}}$	$\dfrac{a}{\sqrt{6}}$	$\dfrac{a}{2}$	$\dfrac{a}{\sqrt{2}}$	a

无论是 A 类评定还是 B 类评定，自由度越大，不确定度的可信程度越高，不确定度是用来衡量测试结果的可靠程度，而自由度又是用于衡量不确定度的可靠程度。

1.4.3　合成标准不确定度

当被测量 Y 由若干个其他量 X_1、X_2、$\cdots$、X_N 通过线性测量函数 f 确定时，被测量的估计值 y 为 $y = f(x_1, x_2, L, x_N)$。

被测量的估计值 y 的合成标准不确定度 $u_{\mathrm{C}}(y)$ 为

$$u_{\mathrm{C}}(y) = \sqrt{\sum_{i=1}^{N}\left(\frac{\partial f}{\partial x_i}\right)^2 u^2(x_i) + 2\sum_{i=1}^{N-1}\sum_{j=i+1}^{N}\frac{\partial f}{\partial x_i}\frac{\partial f}{\partial x_j}r(x_i,x_j)u(x_i)u(x_j)}$$

$$(1-12)$$

式中　　　　y——被测量 Y 的估谱值，又称输出量；

　　　　　　x_i——各个输入量的估详值；

　　　　　　$\dfrac{\partial f}{\partial x_i}$——灵敏系数，通常是对测量函数 f 在 $X=x_i$ 处取偏导数得到，也可用 c_i 表示，灵敏系数是一个有符号有单位的量值，它表明了输入量 x_i 的不确定度 $u(x_i)$ 影响被测量估计值的不确定度 $u_C(y)$ 的灵敏程度，有些情况下，灵敏系数难以通过函数 f 计算得到，可以用实验确定，即采用变化一个特定的 x_i，测量出由此引起的 y 的变化；

　　　　$u(x_i)$——输入量 x_i 的标准不确定度，即可按 A 类评定，也可以按 B 类方法评定；

　　$r(x_i, x_j)$——输入量 x_i 与 x_j 的相关系数，$r(x_i, x_j) \, u(x_i) \, u(x_j)=u(x_i, x_j)$ 是输入量 x_i 与 x_j 的协方差。

　　式（1-12）是计算合成标准不确定度的通用公式，当输入量间相关时，需要考虑它们的协方差。

　　当各输入量间均不相关时，相关系数为零。被测量的估计值 y 的合成标准不确定度 $u_C(y)$ 为

$$u_C(y) = \sqrt{\sum_{i=1}^{N} \left(\frac{\partial f}{\partial x_i}\right)^2 u^2(x_i)} \qquad (1-13)$$

　　当测量函数为明显非线性，且各输入量间均不相关时，被测量的估计值 y 的合成标准不确定度 $u_C(y)$ 的表达式中必须包括泰勒级数展开式中的高阶项。当每个输入量 x_i 都对其平均值对称分布时，考虑高阶项后的 $u_C(y)$ 可计算为

$$u_C(y) = \sqrt{\sum_{i=1}^{N} \left(\frac{\partial f}{\partial x_i}\right)^2 u^2(x_i) + \sum_{i=1}^{N} \sum_{j=1}^{N} \left[\frac{1}{2} \left(\frac{\partial^2 f}{\partial x_i \partial x_j}\right)^2 + \frac{\partial f}{\partial x_i} \frac{\partial^3 f}{\partial x_i \partial x_j^2}\right] u^2(x_i) u^2(x_j)}$$

$$(1-14)$$

　　（1）当输入量间不相关时，合成标准不确定度的计算。对于每一个输入量的标准不确定度 $u(x_i)$，设 $u_i(y) = \dfrac{\partial f}{\partial x_i} u(x_i)$ 为相应的输出量的标准不确定度分量，当输入量间不相关，即 $r(x_i, x_j)=0$ 时，则式（1-13）可变换为

$$u_C(y) = \sqrt{\sum_{i=1}^{N} u_i^2(y)} \qquad (1-15)$$

　　当简单直接测量，测量模型为 $y=x$ 时，应该分析和评定测量时导致测量不确定度的各分量，若相互间不相关，则有

$$u_C(y) = \sqrt{\sum_{i=1}^{N} u^2(x_i)} \qquad (1-16)$$

这种情况下，注意要将各测量不确定度分量的计量单位折算到被测量的计量单位。例如，温度对长度测量的影响导致长度测量结果的不确定度，应该通过被测件材料的温度系数将温度的变化折算到长度的变化。

当测量模型为 $Y=A_1X_1+A_2X_2+L+A_NX_N$ 且各输入量间不相关时，合成标准不确定度的计算公式为

$$u_C(y)=\sqrt{\sum_{i=1}^{N}A_iu^2(x_i)} \qquad (1-17)$$

当测量模型为 $Y=A_1(X_1^{P_1}X_2^{P_2}LX_N^{P_N})$ 且各输入量间不相关时，合成标准不确定度的计算公式为

$$\frac{u_C(y)}{|y|}=\sqrt{\sum_{i=1}^{N}\left[\frac{P_iu(x_i)}{x_i}\right]^2} \qquad (1-18)$$

当测量模型为 $Y=A_1(X_1X_2LX_N)$ 且各输入量间不相关时，即 $P_1=P_2=L=P_N=1$，合成标准不确定度的计算公式为

$$\frac{u_C(y)}{|y|}=\sqrt{\sum_{i=1}^{N}\left[\frac{u(x_i)}{x_i}\right]^2} \qquad (1-19)$$

只有在测量函数是各输入量的乘积时，可由输入量的相对标准不确定度 $u_{rel}(x_i)=\frac{u(x_i)}{|x_i|}$ 计算输出量的相对标准不确定度 $u_{rel}(y)=\frac{u_C(y)}{|y|}$，但要求 $x_i\neq0$、$y\neq0$。

（2）当各输入量间正强相关，相关系数为 1 时，合成标准不确定度的计算公式为

$$u_C(y)=\sum_{i=1}^{N}\left(\frac{\partial f}{\partial x_i}\right)u(x_i) \qquad (1-20)$$

若灵敏系数为 1，则

$$u_C(y)=\sum_{i=1}^{N}u(x_i) \qquad (1-21)$$

即当各输入量间正强相关，相关系数为 1 时，合成标准不确定度不是各标准不确定度分量的方根和而是各分量的代数和。

（3）当输入量间相关时，合成标准不确定度的计算。

1）首先计算输入量的估计值 x_i 与 x_j 的协方差 $u(x_i,x_j)$。在以下情况时，协方差可取为零或忽略不计。

a. x_i 与 x_j 中任意一个量可以作为常数处理。

b. 在不同实验室用不同测量设备、不同时间测得的量值。

c. 独立测量的不同量的测量结果。

当同时观测两个输入量时，设 x_{ik}、x_{jk} 分别是 x_i 及 x_j 的测得值，下标 k 为测量次数（$k=1$，2，Ln）。$\overline{x_i}$、$\overline{x_j}$ 分别为第 i 个和第 j 个输入量测得值的算术平均值；两个重复同时观测的输入量 x_i、x_j 的协方差估计值 $u(x_i，x_j)$ 为

$$u(x_i,x_j) = \frac{1}{n-1}\sum_{k=1}^{n}(x_{ik}-\overline{x_i})(x_{jk}-\overline{x_j}) \qquad (1-22)$$

如一个振荡器的频率与环境温度可能有关，则频率和环境温度作为两个输入量，同时观测每个温度下的频率值，得到一组 t_{ik}、f_{jk} 数据，共观测 n 组。由式（1-22）计算它们的协方差。如果协方差为零，则说明频率与温度无关，如果协方差不为零，则表示它们间的相关性，代入式（1-12）计算合成标准不确定度。

当两个量均因与同一个量有关而相关时，设 $x_i=F(q)$，$x_j=G(q)$，q 为使 x_i 与 x_j 相关的变量 Q 的估计值。则 x_i 与 x_j 的协方差为

$$u(x_i,x_j) = \frac{\partial F}{\partial q}\frac{\partial G}{\partial q}u^2(q) \qquad (1-23)$$

同理，若多个变量使 x_i 与 x_j 相关，即 $x_i=F(q_1，q_1，L，q_L)$，$x_j=G(q_1$，q_1，L，$q_L)$。x_i 与 x_j 的协方差为

$$u(x_i,x_j) = \sum_{k=1}^{L}\frac{\partial F}{\partial q_k}\frac{\partial G}{\partial q_k}u^2(q_k) \qquad (1-24)$$

2) 第二步，计算相关系数。当同时观测得到两个输入量 x_i 与 x_j 的 n 组数据时，相关系数估计值的计算公式为

$$r(x_i,x_j) = \frac{\sum\limits_{k=1}^{n}(x_{ik}-\overline{x_i})(x_{jk}-\overline{x_j})}{(n-1)S(x_i)S(x_j)} \qquad (1-25)$$

式中：$S(x_i)$、$S(x_j)$ 分别为输入量 x_i 和 x_j 的实验标准差。

如果输入量 x_i 与 x_j 相关，x_i 的变化 δ_i 会使 x_j 相应变化 δ_j，则 x_i 与 x_j 的相关系数可用以下经验公式近似估计为

$$r(x_i,x_j) \approx \frac{u(x_i)\delta_j}{u(x_j)\delta_i} \qquad (1-26)$$

式中：$u(x_i)$ 和 $u(x_j)$ 分别为 x_i 和 x_j 的标准不确定度。

在计算相关系数时，可采用适当方法去除相关性。一种方法是将引起相关的量作为独立的附加输入量进入测量模型。例如，在确定被测量 Y 时，用某一温度计来确定输入量 X_i 估计值的温度修正值 x_i，并用同一温度计来确定另一个输入量 X_j 估计值的温度修正值 x_j，这两个温度修正值 x_i 和 x_j 就明显相关了，即 $x_i=F(T)$，$x_j=G(T)$，也就是说 x_i 和 x_j 都与温度有关。由于用同一个温度计测量，两者的修正值同时受影响，也就是说 $y=f(x_i，x_j)$ 中两个输

入量 x_i 和 x_j 是相关的。此时，只要在测量模型中把温度 T 作为独立的附加输入量，即 $y=f(x_i, x_j, T)$，该附加输入量 T 具有与 x_i 和 x_j 不相关的标准不确定度，在计算合成标准不确定度时就不需再引入 x_i 与 x_j 的协方差或相关系数了。

另一种方法是采取有效措施变换输入量。例如，在量块校准中校准值的不确定度分量中包括标准量块的温度 t_s 及被校量块的温度 t_m 两个输入量，由于两个量块处在实验室的同一测量装置上，温度 t_s 与 t_m 是相关的。这时只要将 t_m 变换成 $t_m=t_s+\Delta t$，输入量为被校量块与标准量块的温度差 Δt 与标准量块的温度 t_s，且这两个输入量间不相关。

3）第三步，计算合成标准不确定度 $u_c(y)$ 的有效自由度 ν_{eff}。当测量模型为线性函数时，合成标准不确定度的有效自由度可由韦尔奇 - 萨特斯韦特（Welsh - Satterthwaite）公式计算，即

$$\nu_{eff} = \frac{u_C^4(y)}{\sum\limits_{i=1}^{N} \dfrac{u_i^4(y)}{v_i}} \tag{1-27}$$

式中：$u_i(y) = |c_i|u(x_i)$。显然 $\nu_{eff} \leqslant \sum\limits_{i=1}^{N} v_i$。

在以下情况时需要计算有效自由度。

a. 当需要评定扩展不确定度 U_p 时为求得包含因子 k 而必须计算 $u_C(y)$ 的有效自由度 v_{eff}。

b. 当为了解所评定的不确定度的可靠程度而提出要求时。

由于自由度大多是估算的，因此有效自由度 v_{eff} 的估算不必太仔细，只需按式（1-27）计算结果并取整。若计算的 v_{eff} 大于 50 或 100，则取 50 或 100，这对 U_p 最终结果影响不大。

例如，$Y=f(X_1, X_2, X_3)=bX_1X_2X_3$，其中 X_1、X_2、X_3 的估计值 x_1、x_2、x_3 分别是 $n_1=10$、$n_2=5$、$n_3=15$ 次的算术平均值。它们的相对标准不确定度分别为 $\dfrac{u(x_1)}{x_1}=0.25\%$、$\dfrac{u(x_2)}{x_2}=0.57\%$、$\dfrac{u(x_3)}{x_3}=0.82\%$。输出量 Y 的相对标准不确定度为 $\dfrac{u_C(y)}{y}=\sqrt{\sum\limits_{i=1}^{N}\left[P_i\dfrac{u(x_i)}{x_i}\right]^2}=\sqrt{\sum\limits_{i=1}^{N}\left[\dfrac{u(x_i)}{x_i}\right]^2}=1.03\%$。因此有效自由度 $v_{eff}=\dfrac{1.03^4}{\dfrac{0.25^4}{10-1}+\dfrac{0.57^4}{5-1}+\dfrac{0.82^4}{15-1}}=19.0=19$。

1.4.4 扩展不确定度

扩展不确定度是被测量可能值包含区间的半宽度。扩展不确定度分为以下

两种。

（1）扩展不确定度 U 由 $u_C(y)$ 乘包含因子 k 得到，即 $U=k\cdot u_C(y)$。测量结果可表示为 $Y=y\pm U$，其中：y 为被测量 Y 的估计值，可以期望在区间 $[y-U,\ y+U]$ 内包含了测量结果可能值的较大部分。

k 一般取 2 或 3。扩展不确定度 U 虽没有明确置信概率，但大致可以认为 $k=2$ 时，置信概率约为 95%；$k=3$ 时，置信概率约为 99%。在通常的测量中，一般取 $k=2$。当取其他值时，应说明其来源。当给出扩展不确定度 U 时，应注明所取的 k 值。若未注明，则指 $k=2$。

值得注意的是，用常数 k 乘以 u_C 不提供新的信息，仅仅是对不确定度的另一种表示形式。在大多数情况下，由扩展不确定度所给出的包含区间具有的置信概率是相当不确定的，不仅因为对用 y 和 $u_C(y)$ 表征的概率分布了解有限，而且因为 $u_C(y)$ 本身具有不确定度。

（2）扩展不确定度 U_p 由 $u_C(y)$ 乘以给定置信概率 p 的包含因子 k_p 得到，即 $U_p=k_P\cdot u_C(y)$，当 p 为 0.95、0.99 时，分别表示为 U_{95} 和 U_{99}。可以期望在区间 $[y-U_p,\ y+U_p]$ 内包含了测量结果的可能值。

k_P 与测量结果的分布有关，当接近正态分布时，可以根据有效自由度 v_{eff} 和需要的置信概率查附表 2 的 t 值表查得对应的 t 值，该值即为置信概率 p 时的包含因子 k_P。在给出 U_p 时，应同时给出包含概率 p 和有效自由度 v_{eff}，p 一般取 95%（大多数情况下）和 99%。

如果可以确定，可能值的分布不是正态分布，而是接近于其他某种分布，则不按上述方法获得 k_P。例如，测量结果 Y 可能值近似为矩形分布，则包含因子 k_P 与 U_p 之间的关系为：对于 U_{95}，$k_P=1.65$；对于 U_{99}，$k_P=1.71$。

实际应用中，当合成分布接近于均匀分布时，为了便于测量结果间进行比较，往往约定取 k 为 2。这种情况下给出扩展不确定度 U_p，包含概率远大于 95%。

1.4.5　测量不确定度的报告

完整的测量结果，一般应报告其测量不确定度，报告应尽可能详细，以便使用者正确地利用测量结果。不确定度分析报告的基本内容包括以下几项。

（1）测量方法：简述测量方法和过程。

（2）数学模型：建立被测量和各影响量的数学关系。

（3）方差和灵敏系数：由数学模型和式（1-12）建立合成标准不确定与各方差及其灵敏系数的关系。

（4）标准不确定度一览表：将各分量标准不确定度符号、来源、数值、灵敏系数、合成不确定度分量、自由度列成汇总表。

（5）计算分量标准不确定度：计算并说明获得每个分量数值所使用的方法、依据。

（6）合成标准不确定度：对标准不确定度进行合成，求出 u_C。

（7）有效自由度：计算有效自由度 r_{eff}，查 t 分布表（见附录 B）得包含因子 k 值。

（8）扩展不确定度：计算扩展不确定度。

1.4.6 配电自动化试验对不确定度的要求

根据计量界公认的 1/3 原则，测量设备引入的扩展不确定度 U 与被测量的控制限（被测量允许的最大值与最小值之差）T 的比值 $k \leqslant (1/3) \sim (1/10)$，可判定该测量设备用于该被测量的测量是满足要求的。对于检定和校准，被检测量设备就是被测对象，计量标准就是使用的测量设备，只要计量标准给检定/校准结果引入的扩展不确定度与被检测量设备最大允许误差的 2 倍的比值介于 $(1/3) \sim (1/10)$，该计量标准可判定满足被检测量设备的检定/校准要求。例如，配电终端交流电压最大允许误差为 $\pm 0.5\%$，那么，用于检测配电终端的表计引入的扩展不确定度小于 0.33% 即满足要求。

在试验后，需要进行对测试结果进行是否符合技术指标的判断。为正确反映测量仪器的工作状态，可将测试结果划分为优秀、良好、合格、正边界、负边界、超差、严重超差共七级。可按下面的标准对测量结果进行划分，依次进行判断，得出结论。计算出

$$\begin{cases} G_H = U + |X - \overline{X}| \\ G_L = |U - |X - \overline{X}|| \end{cases} \tag{1-28}$$

式中　U——扩展不确定；

　　　X——理论真值（或标准值）；

　　　$\overline{X}$——测量结果。

根据以下方法依次进行判断，得出结论。

（1）当 $G_H < 0.2\Delta$（Δ 为最大允许误差），测量结果为优秀。

（2）当 $G_H < 0.6\Delta$，测量结果为良好。

（3）当 $G_H < \Delta$，测量结果为合格。

（4）当 $|X - \overline{X}| > U + \Delta$ 且 $G_L > \Delta$ 时，测量结果为超差。

（5）当 $|X - \overline{X}| > U + \Delta$ 且 $G_L > 2\Delta$ 时，测量结果为严重超差。

（6）当 $G_L > \Delta$ 并且 $2\Delta > U$ 时或者 $G_L < \Delta$ 并且 $|X - \overline{X}| < \Delta$ 时，合格可能性大于不合格可能性，测量结果为正边界。

（7）其他情况下合格可能性小于不合格可能性，测量结果为负边界。

当进行一系列的测试后，根据各等级测试点的数量，可直观地判断被检设备的工作状态，并且据此对被检设备做出处理。

当出现上述（4）（5）（6）（7）情况时，必须对被检设备进行调整。若连续两年出现，则仪器应降级使用，并且调离关键工作岗位。当（3）出现点数大于总测试点一半时，必须进行调整。其他情况则无须调整。

1.4.7 测量不确定度在配电自动化中的应用实例

以某省电力公司电力科学研究院的配电自动化终端试验为例，说明其进行直流电压、交流电压、交流电流、三相三线制功率、频率、相位等项目试验时的不确定度计算过程。

1. 概述

（1）设备：MDK-P431 配网馈线监控终端综合测试装置。

（2）环境条件：温度＋15～＋35℃；相对湿度 25％～75％，本实验温度为 23.5℃，相对湿度为 67％。

（3）测量对象：配电终端。

（4）测量项目：直流电压、交流电压、交流电流、三相三线制功率、频率、相位。

（5）测量方法：《配电自动化终端设备检测规程》（Q/GDW 639—2011）。

（6）方法简介：调节程控三相功率源的输出，保持输入电量的频率为 50Hz，谐波分量为 0，施加输入电压额定值、电流额定值，待标准表读数稳定后，读取标准表的显示输入值。

2. 数学模型

$$\Delta Y = \overline{Y} - Y \tag{1-29}$$

式中 ΔY——被测终端的示值误差；

　　　　$\overline{Y}$——8 次示值的算术平均值；

　　　　Y——被测终端的示值。

3. 不确定度来源分析

（1）A 类不确定度：测量装置测量重复性引起的不确定度分量。

（2）B 类不确定度：①设备示值误差引起的不确定度分量；②上级计量标准装置传递误差引起的不确定度分量。

4. 不确定度评定

（1）A 类不确定度的评定。A 类不确定度是由测量重复性引起的不确定度分量。选择基本量程的 100％作为测量点，在重复性条件下连续测量 8 次，得到表1-3的测量值。

表1-3 配电终端各参数量测量值

测量项目	直流电压(V)	交流电压(V)	交流电流(A)	功率(VA)	频率(Hz)	相位(°)
调定值 序号	30V	220V	1A	220V，1A，cosφ＝1	220V、50Hz	220V、1A、60°
1	29.996	219.475	1.0002	661.840	49.998	59.790
2	30.002	219.461	1.0003	662.096	49.998	59.784
3	30.002	219.642	1.0003	662.212	49.998	59.786
4	30.010	219.619	1.0004	662.531	49.998	59.789
5	30.001	219.434	1.0003	662.135	49.998	59.784
6	29.992	219.637	1.0003	662.184	49.998	59.784
7	29.930	219.600	1.0002	661.952	49.998	59.788
8	29.996	219.629	1.0003	661.943	49.998	59.788
平均值	29.991	219.562	1.0003	662.112	49.998	59.787

计算各测得量的平均值和标准差见表1-4。

表1-4 配电终端各参数量平均值及标准差

测量项目	直流电压(V)	交流电压(V)	交流电流(A)	功率(VA)	频率(Hz)	相位(°)
平均值	29.991	219.562	1.000 3	662.112	49.998	59.787
标准差	0.025 3	0.088 9	0.000 064 1	0.214	0	0.002 45

因此，各测得量的 A 类不确定度分别如下。

直流电压 $u_A(V) = \dfrac{0.0253}{30} \times 100\% = 0.084\%$；交流电压 $u_A(U) = \dfrac{0.088\,9}{220} \times 100\% = 0.040\%$；

交流电流：$u_A(I) = \dfrac{0.000\,064\,1}{1} \times 100\% = 0.006\,4\%$；功率 $u_A(P) = $

$$\frac{0.214}{220}\times100\%=0.097\%;$$

频率　$u_A(f)=0$Hz；相位　$u_A(\varphi)=0.002\,5°$

（2）B类不确定度的评定。

表 1-5

序号	误差源及符号	误差限 b_j	包含因子 k_p	灵敏系数 C_i	$U_j=\dfrac{b_j}{k_p}$
1	MDK - P431 直流电压误差 $\Delta V/\%$	0.02	$\sqrt{3}$	1	0.012
2	MDK - P431 直流电压上级传递误差	0.01	$\sqrt{3}$	1	0.006
3	MDK - P431 交流电压误差 $\Delta U/\%$	0.05	$\sqrt{3}$	1	0.029
4	MDK - P431 交流电压上级传递误差	0.003	$\sqrt{3}$	1	0.0017
5	MDK - P431 输入交流电流误差 $\Delta I/\%$	0.05	$\sqrt{3}$	1	0.029
6	MDK - P431 交流电流上级传递误差	0.005	$\sqrt{3}$	1	0.0029
7	MDK - P431 互感器输入功率误差 $\Delta P/\%$	0.05	$\sqrt{3}$	1	0.029
8	MDK - P431 功率上级传递误差	0.008	$\sqrt{3}$	1	0.0046
9	MDK - P431 频率误差 Δf	0.005Hz	$\sqrt{3}$	1	0.0029Hz
10	MDK - P431 频率上级传递误差	0.003Hz	$\sqrt{3}$	1	0.0017Hz
11	MDK - P431 相位误差 $\Delta\varphi$	0.05°	$\sqrt{3}$	1	0.029°
12	MDK - P431 相位上级传递误差	0.005°	$\sqrt{3}$	1	0.002\,9°

（3）合成标准不确定度的确定。

1）直流电压：$u_C(V)=\sqrt{u_A^2(V)+\sum(C_iU_j)^2}=\sqrt{0.084^2+0.012^2+0.006^2}=0.085\%$。

2）交流电压：$u_C(U)=\sqrt{u_A^2(U)+\sum(C_iU_j)^2}=\sqrt{0.040^2+0.029^2+0.001\,7^2}=0.049\%$。

3）交流电流：$u_C(I)=\sqrt{u_A^2(I)+\sum(C_iU_j)^2}=\sqrt{0.006\,4^2+0.029^2+0.002\,9^2}=0.030\%$。

4）功率：$u_C(P)=\sqrt{u_A^2(P)+\sum(C_iU_j)^2}=\sqrt{0.097^2+0.029^2+0.004\,6^2}=0.10\%$。

5）频率：$u_C(f)=\sqrt{u_A^2(f)+\sum(C_iU_j)^2}=\sqrt{0^2+0.002\,9^2+0.001\,7^2}=0.003\,4$Hz。

6) 相位：$u_C(\varphi) = \sqrt{u_A^2(\varphi) + \sum(C_iU_j)^2} = \sqrt{0.002\ 5^2 + 0.029^2 + 0.002\ 9^2} = 0.029°$。

（4）扩展不确定度的评定。取包含因子 $k=2$，则可以得到以下评定数据。

1) 直流电压：$u_P(V) = ku_C(V) = 0.17\%$。

2) 交流电压：$u_P(U) = ku_C(U) = 0.098\%$。

3) 交流电流：$u_P(I) = ku_C(I) = 0.060\%$。

4) 功率：$u_P(P) = ku_C(P) = 0.20\%$。

5) 频率：$u_P(F) = ku_C(F) = 0.006\ 8\text{Hz}$。

6) 相位：$u_P(\varphi) = ku_C(\varphi) = 0.058°$。

第 2 章

配电自动化终端试验

　　配电自动化终端（简称配电终端）是安装在配电网的各类远方监测、控制单元的总称，完成数据采集、控制、通信等功能。配电终端类型有馈线终端（简称 FTU）、站所终端（简称 DTU）。馈线终端是安装在配电网架空线路杆塔等处的配电终端，按照功能分为"三遥"终端和"二遥"终端，其中"二遥"终端又可分为基本型终端、标准型终端和动作型终端。站所终端是安装在配电网开关站、配电室、环网柜、箱式变电站等处的配电终端，依照功能分为"三遥"终端和"二遥"终端，其中"二遥"终端又可分为标准型终端和动作型终端。

　　配电自动化终端具备运行数据采集、处理、存储、通信、控制等功能。其中数据采集包括交流电压、电流、有功功率、无功功率、直流电压等模拟量采集；状态量采集包括开关分合、远方就地、故障上报等，并设置遥信防抖；控制功能实现开关的远方和就地分、合闸控制。

　　配电自动化终端试验包括实验室检测和现场检测。实验室检测包括型式检测、专项检测和批次验收检测。现场检测包括交接检测和后续检测。不同检测种类的试验系统、试验条件、试验项目、试验方法、注意事项等各有不同。

2.1　试　验　系　统

2.1.1　试验系统组成及接线

　　实验室检测系统由测试计算机、通信设备、三相标准表、直流标准表、程控三相功率源、直流信号源、状态量模拟器、控制执行指示器等组成。测试计算机通过通信设备与配电自动化终端的通信接口相连。程控三相功率源与配电自动化终端的交流模拟量输入端口相连，三相标准表的电流测量回路串接在电流回路中，三相标准表的电压测量回路并接在电压回路中。直流信号源、直流标准表与配电自动化终端的直流模拟量输入端口相连。状态量模拟器与配电自动化终端的状态量输入端口相连。控制执行指示器与控制输出端口相连。配电终端的实验室检测系统示意图如图 2-1 所示。

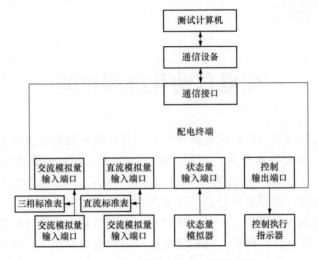

图 2-1　实验室检测系统示意图

现场检测系统由主站、就地模拟装置、通信设备、程控三相功率源、直流信号源、状态量模拟器、控制执行指示器等组成。配网调控中心的主站系统通过通信网络及设备与配电自动化终端的通信接口相连。就地模拟装置直接与配电自动化终端的通信接口相连。程控三相功率源与配电自动化终端的交流模拟量输入端口相连。直流信号源与配电自动化终端的直流模拟量输入端口相连。状态量模拟器与配电自动化终端的状态量输入端口相连。控制执行指示器与控制输出端口相连。现场检测试验系统示意图如图 2-2 所示。

2.1.2　仪器仪表配置及要求

配电终端的实验室检测系统由装有测试软件的模拟主站、三相标准表、程控三相功率源、直流标准表、直流信号源、状态量模拟器、控制执行指示器、被测样品等构成。所有标准表的基本误差应不大于被测量准确等级的 1/4，推荐标准表的基本误差应不大于被测量准确等级的 1/10。标准仪表应有一定的标度分辨力，使所取得的数值等于或高于被测量准确等级的 1/5。

配电终端现场检测至少配备多功能电压表、电流表、钳形电流表、万用表、综合测试仪、三相功率源及独立的试验电源等设备。配电终端检测所使用的仪器、仪表必须经过检测合格。

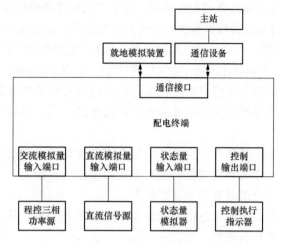

图 2-2 现场检验系统示意图

2.2 试 验 条 件

2.2.1 试验前准备工作

1. 实验室检测的准备工作

（1）准备满足精度要求的三相标准表、程控三相功率源、直流标准表、直流信号源、状态量模拟器、控制执行指示器、模拟主站等。

（2）所有记录标准表、功率源等计量设备应及时送检，确保试验开展期间所有的仪器均在合格证有效期内。

（3）按 2.2.2 气候环境条件和 2.2.3 电源条件准备实验室条件。

（4）将相关检测规程进行受控，组织试验人员学习试验作业指导书、熟悉作业过程危险点，严禁电流回路开路、严禁电压回路短路、严禁电源回路短路，试验前应先将设备接地，试验结束后最后解接地线。

2. 现场检测的准备工作

（1）现场检测前，应详细了解配电终端及相关设备的运行情况，据此制定在检测工作过程中确保系统安全稳定运行的技术措施。

（2）应配备与配电终端实际工作情况相符的图纸、上次检测的记录、标准化作业指导书、合格的仪器仪表、备品备件、工具和连接导线等。

（3）进行现场检测时，不允许把规定有接地端的测试仪表直接接入直流电源回路中，以防止发生直流电源接地的现象。

（4）对新安装配电终端的验收检测，应了解配电终端的接线情况及投入运行方案；检查配电终端的接线原理图、二次回路安装图、电缆敷设图、电缆编号图、电流互感器端子箱图、配电终端技术说明书、电流互感器的出厂试验报告等，确保资料齐全、正确；根据设计图纸，在现场核对配电终端的安装和接线是否正确。

（5）检查核对电流互感器的变比值是否与现场实际情况符合。

（6）检测现场应提供安全可靠的独立试验电源，禁止从运行设备上接取试验电源。

（7）确认配电终端和通信设备室内的所有金属结构及设备外壳均应连接于等电位地网，配电终端和终端屏柜下部接地铜排已可靠接地。

（8）检查通信信道是否处于良好状态。

（9）检查配电终端的状态信号是否与主站显示相对应，检查主站的控制对象和现场实际开关是否相符。

（10）确认配电终端的各种控制参数、告警信息、状态信息是否正确、完整。

（11）按相关安全生产管理规定办理工作许可手续。

2.2.2　气候环境条件

一般情况下，配电自动化终端的各项试验均在以下大气条件下进行。

（1）温度：$+15^{\circ}\text{C}\sim+35^{\circ}\text{C}$。

（2）相对湿度：$25\%\sim75\%$。

（3）大气压力：$86\sim108\text{kPa}$。

在每一项目的试验期间，大气环境条件应相对稳定。

2.2.3　电源条件

试验时电源条件如下。

（1）频率：50Hz，允许偏差$-2\%\sim+1\%$。

（2）电压：220V，允许偏差$\pm5\%$。

在每一项目的试验期间，电源条件应相对稳定。

2.3　试验项目及方法

2.3.1　外观和结构试验

1. 外观一般检查

首先，目测检查终端在显著部位应设置持久明晰的铭牌或标志，标志应包含产品型号、名称、制造厂名称和商标、出厂日期及编号；其次，目测检查终端应无明显的凹凸痕、划伤、裂缝和毛刺，镀层不应脱落，标牌文字、符号应清晰、耐久；然后目测检查终端应具有独立的保护接地端子，并与外壳牢固连接。用游标卡尺测量接地螺栓的直径应不小于6mm。

2. 电气间隙和爬电距离

电气间隙是指两导电部件之间在空气中的最短距离，爬电距离是指两导电部件之间沿固体绝缘材料表面的最短距离。用游标卡尺测量端子的电气间隙和爬电距离，应符合表2-1的规定。

表2-1   最小电气间隙和爬电距离

额定电压/V	电气间隙/mm	爬电距离/mm
$U \leqslant 25$	1	1.5
$25 < U \leqslant 60$	2	2
$60 < U \leqslant 250$	3	4
$250 < U \leqslant 380$	4	5

3. 外壳和端子着火试验

在非金属外壳和端子排（座）及相关连接件的模拟样机在试验样品支架上安装或夹紧，使得样品表面的平面部分是垂直的，灼热丝的顶部施加到表面平面部分的中心处。将灼热丝加热到规定的温度，并用校准过的温度测量系统进行测量。然后使灼热丝顶部慢慢地接触试验样品达30s±1s。大约以10～25mm/s的速率接近和离开试验样品是合适的。但是在临近接触时为了避免撞击，接近的速率应减少到接近零，冲击力不超过1.0N±0.2 N。在材料熔化脱离灼热丝的情况下，灼热丝不应与试验样品保持接触。施加时间到了之后，将灼热丝和试验样品慢慢分开，避免试验样品进一步受热和空气流动对试验结果的影响。灼热丝进入或贯穿试验样品的深度应限定在7m m±0.5m m。试验样品使用的材料应与被试终端的材料相同。端子排（座）的热丝试验温度为960℃±15℃，外壳的热丝试验温度为650℃±10℃，试验时间为30s。在施加灼热丝期间，观察样品的试验端子以及端子周围，试验样品无火焰或不灼热；若样品在施加灼热丝期间产生火焰或灼热，则应在灼热丝移去后30s内熄灭。

4. 防尘试验

安装在户内的终端应按照GB 4208-2008中规定的方法进行，将终端放置于防尘箱中，试验持续时间8h，终端应达到IP20级，具有防止不小于12.5mm固体异物进入的能力。安装在户外的终端按照GB 4208—2008中规定的方法进行，将终端放置于防尘箱中，试验持续时间 8h，终端应达到 IP54 级，具有防尘的能力。

5. 防水试验

安装在户内的终端不需进行此项试验。安装在户外的终端按照 GB 4208—2008 中规定的方法进行，将终端放置于淋雨箱中，试验持续时间 10min，终端应达到 IP54 级，具有防溅水的能力。

2.3.2 基本功能和主要性能试验

1. 与上级站通信正确性试验

被测设备的输入、输出口按图 2-1 所示连接外部信号源、模拟器等试验仪器设备，通过通信设备将终端与模拟主站相连。通电后，模拟主站应能正确显示遥信状态、召测的遥测数据。模拟主站发送遥控命令，终端应能正确执行，控制执行指示器应显示正确。

2. 信息响应时间试验

在状态信号模拟器上拨动任何一路试验开关，在模拟主站上应观察到对应的遥信位变化，记录从模拟开关动作到遥信位变化的时间，响应时间应不大于 1s。在工频交流电量输入回路施加一个阶跃信号为较高额定值的 0~90%，或额定值的 100%~10%，模拟主站应显示对应的数值变化，记录从施加阶跃信号到数值变化的时间，响应时间应不大于 1s。

3. 交流输入模拟量基本误差试验

(1) 电压、电流基本误差测量。调节程控三相功率源的输出，保持输入电量的频率为 50Hz，谐波分量为 0，依次施加输入电压额定值的 60%、80%、100%、120% 和输入电流额定值的 5%、20%、40%、60%、80%、100%、120%、0。待标准表读数稳定后，读取标准表的显示输入值 U_i 及 I_i，通过模拟主站读取被测终端测量值 U_o 及 I_o，计算电压基本误差 E_u 及电流基本误差 E_i，误差应符合配电自动化终端的技术要求。

(2) 有功功率、无功功率基本误差测量。调节程控三相功率源的输出，保持输入电压为额定值，频率为 50Hz，改变输入电流为额定值的 5%、20%、40%、60%、80%、100%。待标准表读数稳定后，分别记录标准表读出的输入有功功率 P_i、无功功率 Q_i 和被测终端测出的有功功率 P_o、无功功率 Q_o。计算有功功率基本误差 E_p 及无功功率基本误差 E_q，误差应符合配电自动化终端的技术要求。

(3) 功率因数基本误差测量。调节程控三相功率源的输出，保持输入电压、电流为额定值，频率为 50Hz，改变相位角分别为 0°、±30°、±45°、

±60°、±90°。待标准表读数稳定后，分别记录标准表读出的功率因数 PF_i 和被测终端测出的 PF_x，基本误差 $Ecos\varphi$ 应符合配电自动化终端的技术要求。

（4）谐波分量基本误差测量。保持输入电压频率为 50Hz，分别保持输入电压为额定电压的 80%、100%、120%，在各个输入电压下分别施加输入电压幅值的 10% 的 2～19 次谐波电压 U_h，记录标准谐波源设定或标准谐波分析仪读出的 2～19 次谐波电压 U_{oh}，求出 2～19 次电压谐波分量的基本误差 E_{Uh}。保持输入电流频率为 50Hz，分别保持输入电流为额定值的 10%、40%、80%、100%、120%。在各个输入电流下分别施加输入电流幅值的 10% 的 2～19 次谐波电流 I_h，记录标准谐波源设定或标准谐波分析仪读出的 2～19 次谐波电流 I_{oh}，求出 2～19 次电流谐波分量的基本误差 E_{Ih}，应符合配电自动化终端的技术要求。

4. 交流模拟量输入的影响量试验

（1）一般要求。对于工频交流输入量，影响量引起的改变量试验，是对每一影响量测定其改变量。试验中其他影响量应保持参比条件不变；影响量引起的改变量计算公式为

$$\frac{E_{XC} - E_X}{AF} \times 100\% \qquad (2-1)$$

式中　E_X——在参比条件下测量的工频交流电量的输出值；

　　　E_{XC}——在影响量影响下测量的工频交流电量的输出值；

　　　AF——输入额定值。

（2）输入量频率变化引起的改变量试验。在参比条件下测量工频交流电量的输出值，记为 E_X。改变输入量的频率值分别为 47.5Hz 和 52.5Hz，依次测量电压、电流、功率等工频交流量输出值，记为 E_{XC}。按影响量引起的改变量计算公式（2-1）计算输入量频率变化引起的改变量应不大于准确等级指数的 100%。

（3）输入量的谐波含量引起的改变量试验。在参比条件下测量工频交流电量的输出值，记为 E_X；在基波上叠加 20% 的谐波分量，调节畸变波形幅度，使输入端标准表保持被测量的有效值不变，依次施加谐波从 3 次至 13 次，并改变基波和谐波之间的相位角使其得到最大的改变量，记录相应的输出值 E_{XC}；对于有功功率和无功功率，应先施加畸变电流，然后重复施加畸变电压进行测量；按影响量引起的改变量计算公式（2-1）计算输入量的谐波含量引起的改变量，最大改变量应不大于准确等级指数的 200%。

（4）功率因数变化对有功功率、无功功率引起的改变量试验。在参比条件下测量工频交流电量的输出值，记为 E_X。改变功率因数 $cos\varphi$ 值为 $0.5 > cos\varphi \geq$

0，超前或滞后各取一点，调节电流保持有功功率或无功功率输入的初始值不变，测量输出值记为 E_{xc}；按影响量引起的改变量计算公式（2-1）计算功率因数变化引起的改变量，最大改变量应不大于准确等级指数的 100%。

（5）不平衡电流对三相有功功率和无功功率引起的改变量试验。在参比条件下，电流应平衡，并调整输入电流使其为较高额定值的一半，测量有功功率、无功功率的输出值，记为 E_x；断开任何一相电流，保持电压平衡和对称，调整其他相电流，并保持有功功率或无功功率与输入的初始值相等，记录新的输出值，记为 E_{xc}；按影响量引起的改变量计算公式（2-1）计算不平衡电流引起的改变量，最大改变量应不大于 100%。

（6）被测量超量限引起的改变量试验。在输入额定值的 100% 时测量基本误差；在输入额定值的 120% 时的测量误差；两个误差之差不应超过准确等级指数的 50%。

（7）输入电压变化引起的输出改变量试验（电压、电流量除外）。施加输入电压为额定值，测量被测量的输出值，记为 E_x；改变输入电压为额定值的 80%~120%，维持被测量输入值不变，测量输出值记为 E_{xc}；按影响量引起的改变量计算公式（2-1）计算输入电压变化引起的改变量，最大改变量应不大于准确等级指数的 50%。

（8）输入电流变化引起的输出改变量试验（仅对相角和功率因数）。在参比条件下测量相角和功率因数的输出值，记为 E_x；改变输入电流为额定值的 20%~120%，测量输出值记为 E_{xc}；按影响量引起的改变量计算公式（2-1）计算输入电流变化引起的改变量，最大改变量应不大于准确等级指数的 100%。

5. 工频交流输入量的其他试验

（1）过量输入及允许误差试验。

1）连续过量输入试验。交流输入电压、电流调整到额定值的 120%，施加时间 24h 后，恢复额定值输入时的基本误差应符合配电自动化终端的技术要求。

2）短时过量输入试验。按表 2-2 的规定进行试验，终端应能正常工作。过量输入后，恢复额定值输入时的基本误差应符合配电自动化终端的技术要求。

表 2-2　　　　　　　　　　　短时过量输入参数

被测量	电流输入量	电压输入量	施加次数（次）	施加时间（s）	相邻施加间隔时间（s）
电流	额定值×20	—	5	1	300
电压	—	额定值×2	10	1	10

（2）故障电流输入试验。交流输入电流调整到额定值的 1000％，参照 2.3.2.3 节的试验方法计算电流总误差应不大于 ±5％。

6. 直流模拟量模数转换总误差试验

调节直流信号源使其分别输出 20mA、16mA、12mA、8mA、4mA 的电流，记录直流标准表测量的相应读数 I_i，同时在被测试设备的显示输出值记为 I_x，由下式求出的误差 E_i 应满足要求。

$$E_i = \frac{I_x - I_i}{\text{满刻度值（输入范围）}} \times 100\% \qquad (2-2)$$

7. 状态量输入试验

（1）事件顺序记录站内分辨率试验。将信号模拟器（脉冲发生器）的两路输出连接到配电终端的两路状态量输入端子上，对两路输出设置一定的时间延迟，该值应不大于 10ms（可调），配电终端应能正确显示状态的变换及动作时间，开关变位事件记录分辨率小于等于 10ms。试验重复 5 次以上。

（2）状态量输入防抖动试验。用信号模拟器（脉冲发生器）产生一持续时间小于遥信防抖时间的开入脉冲，终端不应产生该开入的时间顺序记录（sequence of event，简称 SOE）。用测试仪产生一持续时间大于遥信防抖时间的开入脉冲，终端应产生该开入的 SOE 记录，装置应记录并上传事件信息，防抖时间为 10～1000ms 可设。

8. 远方控制试验

配电终端置在远方控制位置，模拟主站发出开/合控制命令，配电终端输出继电器的动作应符合要求，控制执行指示器应有正确指示，重复试验 1000 次以上，误动率应小于 0.1％。模拟开关动作故障和遥控返校失败，则应检查命令执行的准确性。

9. 故障检测、识别、处理试验

故障检测、识别、处理试验步骤如下。

（1）按图 2-3 所示将试验线路接好。

（2）将断路器 1 和所有负荷开关合上，将断路器 2 断开。

（3）在点 A 模拟短路故障，在断路器 1 未跳开之前，FTU1、FTU2 应能检测到故障电流并传送到模拟监控单元（主站）。

（4）模拟监控单元（主站）根据 FTU2 有故障电流，FTU3 无故障电流则应判断出故障出在 A 点。

（5）模拟监控单元（主站）根据判断结果，并在断路器 1 跳开后，立刻发遥控命令到 FTU2 和 FTU3 将负荷开关 1 和负荷开关 2 跳开，以隔离故障点。

（6）模拟监控单元（主站）最后将断路器 1、2 合上以恢复正常部分的供电。

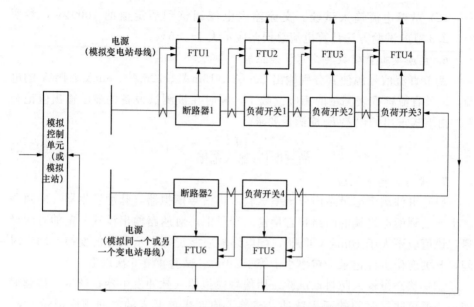

图 2-3 配电终端故障识别功能试验接线图

故障识别的参考时间：在 7 个馈线远方终端的情况下，传输速率为 600bit/s 时，其故障识别时间为 1～3s；在传输速率为 1200bit/s 时，则其故障识别时间为 1～1.5s。对于故障隔离、非故障段的恢复供电时间，是由模拟监控单元（主站）发出遥控命令和馈线远方终端驱动开关动作时间决定的。由于开关种类不同，动作时间会有差异，一般情况故障隔离时间不大于 1min，非故障段恢复时间不大于 2min。

10. 安全防护试验

配电终端应配备身份认证功能，通过对变电主站所发控制命令进行身份认证，实现控制报文的安全保护，具备抵抗窃取配电终端信息、篡改配电终端数据的安全防护能力，配电终端安全模块的密钥算法应符合国家密码管理相关政策。

2.3.3 连续通电稳定性试验

配电终端在正常工作状态连续通电 72h，在 72h 期间每 8h 进行抽测，测试状态输入量、遥控、交流输入模拟量、直流输入模拟量和 SOE 站内分辨率应符合 Q/GDW514 的相关规定。

2.3.4 电源影响试验

1. 电源断相试验

三相供电时，电源出现断相故障，即三相三线供电时断一相电压，三相四线供电时断两相电压的条件下，试验时配电终端应能正常工作，试验后，功能和性能应符合配电自动化终端的技术要求。

2. 电源电压变化试验

将电源电压变化到终端工作电源额定值的 80% 和 120%，配电终端应能正常工作，测试状态输入量、遥控、交流输入模拟量、直流输入模拟量和事件记录站内分辨率应符合配电自动化终端的技术要求。电源电压变化引起的交流输入模拟量改变量应不大于准确等级指数的 50%。

3. 后备电源试验

在配电终端工作正常的情况下，配电终端的控制输出端与一次开关设备（如 SF6 断路器）连接，将供电电源断开，其备用储能装置应自动投入，采用蓄电池储能的终端在 4h 内应能正常工作和通信，采用超级电容储能的终端在 15min 内应能正常工作和通信，模拟主站分别发送 3 组遥控分闸、合闸命令，终端应能正确控制一次开关设备动作。

4. 功率消耗试验

（1）整机功率消耗试验。在非通信状态下，用准确度不低于 0.2 级的三相多功能标准表测量配电终端电源回路的电流值（A）和电压值（V），其乘积（VA）即为整机视在功耗，其值应符合配电自动化终端的技术要求。

（2）电压、电流回路功率消耗试验。在输入额定电压和电流时，用高阻抗电压表和低阻抗电流表测量交流工频电量电压、电流输入回路的电压值和电流值，其乘积（VA）即为功率消耗，每一电流输入回路的功率消耗应不大于 0.75VA，每一电压输入回路的功率消耗应不大于 0.5VA。

5. 数据和时钟保持试验

记录配电终端中已有的各项数据和时钟显示，断开供电电源 72h 后，再合上电源，检查各项数据应无改变和丢失；与标准时钟源对比，时钟走时应准确，日计时误差应小于等于 ±0.5s/d。

2.3.5 环境影响试验

1. 低温试验

将配电终端在非通电状态下放入低温试验箱中央，配电终端各表面与低温试验箱内壁的距离应不小于 150mm。低温箱以不超过 1℃/min 变化率降温，待降温至表 2-3 规定的最低温度并稳定后，保温 6h，然后通电 0.5h 后，测试状态输入量、遥控、直流输入模拟量、交流输入模拟量和事件记录站内分辨率，应符合配电自动化终端的技术要求。低温时引起的交流输入模拟量的改变量应不大于准确等级指数的 100%。

表 2-3　　　　　　　　　　　　　　　气候环境条件分类

级别	空气温度		湿度	
	范围（℃）	最大变化率① （℃/min）	相对湿度② （%）	最大绝对湿度 （g/m³）
C1	−5～+45	0.5	5～95	20
C2	−25～+55	0.5	10～100	29
C3	−40～+70	1		35
CX*	—	—	—	—

①温度变化率取 5min 时间内平均值。

②相对湿度包括凝露。

* CX 级别根据需要由用户确定。

2. 高温试验

将配电终端在非通电状态下放入高温试验箱中央。高温箱以不超过 1℃/min 变化率升温，待升温至表 2-3 规定的最高温度并稳定后，保温 6h，然后通电 0.5h 后，测试状态输入量、遥控、直流输入模拟量、交流输入模拟量和事件记录站内分辨率，应符合配电自动化终端的技术要求。高温时引起的交流输入模拟量的改变量应不大于准确等级指数的 100%。

3. 湿热试验

配电终端各表面与湿热试验箱内壁的距离应不小于 150mm，凝结水不得跌落到试验样品上。试验箱以不超过 1℃/min 变化率升温，待试验箱内达到并保持温度（40±2）℃、相对湿度（93±3）%，试验周期为 48h。试验过程最后 1～2h，按表 2-4 的规定用相应电压的兆欧表测量湿热条件下的绝缘电阻应不低于 1MΩ，测量时间不小于 5s。

表 2-4　　　　　　各电气回路对地和各电气回路之间的绝缘电阻要求

额定绝缘电压（V）	绝缘电阻（MΩ）		测试电压（V）
	正常条件	湿热条件	
$U \leqslant 60$	≥5	≥2	250
$60 < U \leqslant 250$	≥5	≥2	500

试验结束后，先把试验箱内的相对湿度降到 75%±3%，0.5h 后将试验箱内温度恢复到正常温度并稳定后将终端取出，在大气条件下恢复 1～2h，检查

配电终端金属部分应无腐蚀和生锈情况，测试状态输入量、遥控、直流输入模拟量、交流输入模拟量和事件记录站内分辨率应符合配电自动化终端的技术要求。

2.3.6 绝缘性能试验

1. 绝缘电阻试验

试验时配电终端应盖好外壳和端子盖板。如外壳和端子盖板由绝缘材料制成，则应在其外覆盖以导电箔并与接地端子相连，导电箔应距接线端子及其穿线孔 2cm。试验时，不进行试验的电气回路应短路并接地。在正常试验条件和湿热试验条件下，按表 2-4 的测试电压，在配电终端的端子处测量各电气回路对地和各电气回路间的绝缘电阻，其值应符合表 2-4 的规定。

2. 绝缘强度试验

试验时配电终端应盖好外壳和端子盖板。如外壳和端子盖板由绝缘材料制成，则应在其外覆盖以导电箔并与接地端子相连，导电箔应距接线端子及其穿线孔 2cm。试验时，不进行试验的电气回路应短路并接地。

在正常试验大气条件下，设备的被试部分应能承受表 2-5 规定的 50Hz 交流电压 1min 的绝缘强度试验，试验时不得出现击穿、闪络现象，泄漏电流应不大于 5mA。试验部位为非电气连接的两个独立回路之间，各带电回路与金属外壳之间。对于交流工频电量输入端子与金属外壳之间，电压输入与电流输入的端子组之间都应满足施加 50Hz、2kV 电压，持续时间为 1min 的要求。

表 2-5 绝 缘 强 度

额定绝缘电压 U_i（V）	试验电压有效值（V）
$U_i \leqslant 60$	500
$60 < U_i \leqslant 125$	1000
$125 < U_i \leqslant 250$	2500

试验后测试状态输入量、遥控、直流输入模拟量、交流输入模拟量和事件记录站内分辨率应符合配电自动化终端的技术要求。工频交流电量测量的基本误差应满足其等级指数要求。

3. 冲击电压试验

试验时配电终端应盖好外壳和端子盖板。如外壳和端子盖板由绝缘材料制成，则应在其外覆盖以导电箔并与接地端子相连，导电箔应距接线端子及其穿线孔 2cm。试验时，不进行试验的电气回路应短路并接地。冲击电压要求：脉冲波形标准 1.2/50μs 脉冲波；电源阻抗 500Ω±50Ω；电源能量 0.5J±0.05J。每次试验分别在正、负极性下施加 5 次，两个脉冲之间最少间隔 5s，试验电压按表 2-5 规定。被试回路为：电源回路对地、输出回路对地、状态输入回路对地、工频交流电量输入回路对地、以上无电气联系的各回路之间、RS-485 接口与电源端子间，具体见表 2-6。

试验后，配电终端应能正常工作，测试状态输入量、遥控、直流输入模拟量、交流输入模拟量和事件记录站内分辨率应符合配电自动化终端的技术要求。工频交流电量测量的基本误差应满足其等级指数要求。

表 2-6   冲击试验电压

额定绝缘电压（V）	试验电压有效值（V）	额定绝缘电压（V）	试验电压有效值（V）
$U \leqslant 60$	2000	$125 < U \leqslant 250$	5000
$60 < U \leqslant 125$	5000	$250 < U \leqslant 400$	6000

注：RS-485 接口与电源回路间试验电压不低于 4000V。

2.3.7 电磁兼容性试验

配电自动化终端的电磁兼容试验主要包括电压暂降和短时中断试验、工频磁场抗扰度试验、射频电磁场辐射抗扰度试验、静电放电抗扰度试验、电快速瞬变脉冲抗扰度试验、阻尼振荡波抗扰度试验、浪涌抗扰度试验等七项。

1. 电压暂降和短时中断试验

配电终端在通电状态下，并在下述条件下进行试验。

（1）电压试验等级 0%UT。

（2）从额定电压暂降100%。

（3）持续时间 0.5s，25 个周期。

（4）中断次数为 3 次，各次中断之间的恢复时间 10s。

以上电源电压的突变发生在电压过零处。

试验时配电终端应能正常工作，测试状态输入量、遥控、直流输入模拟量、交流输入模拟量和 SOE 站内分辨率应符合配电自动化终端的技术要求。电压暂降和短时中断的影响引起的改变量应不大于准确等级指数的 200%。

2. 工频磁场抗扰度试验

将配电终端置于与系统电源电压相同频率的随时间正弦变化的、强度为 100A/m（5 级）的稳定持续磁场的线圈中心，配电终端应能正常工作，测试状态输入量、遥控、直流输入模拟量、交流输入模拟量和 SOE 站内分辨率应符合配电自动化终端的技术要求。工频磁场引起的改变量应不大于准确等级指数的 100%。

3. 射频电磁场辐射抗扰度试验

配电终端在正常工作状态下,在下述条件下进行试验。

(1) 一般试验等级:频率范围为 80～1000MHz,严酷等级为 3 级,试验场强为 10V/m(非调制),正弦波为 1kHz,以 80% 幅度调制。

(2) 抵抗数字无线电话射频辐射的试验等级:频率范围为 1.4～2GHz、严酷等级为 4 级,试验场强为 30V/m(非调制),正弦波为 1kHz,以 80% 幅度调制。

采用无线通信信道的配电终端,试验时配电终端天线应引出,配电终端在使用频带内不应发生错误动作;在使用频带外应能正常工作和通信,测试状态输入量、遥控、直流输入模拟量、交流输入模拟量和 SOE 站内分辨率应符合配电自动化终端的技术要求。一般等级试验时,射频磁场引起的改变量应不大于准确等级指数的 100%。

采用其他信道的配电终端,试验时应能正常工作,测试状态输入量、遥控、直流输入模拟量、交流输入模拟量和 SOE 站内分辨率应符合配电自动化终端的技术要求。一般等级试验时,射频磁场引起的改变量应不大于准确等级指数的 100%。

4. 静电放电抗扰度试验

配电终端在正常工作状态下,在下述条件下进行试验。

(1) 严酷等级:4。

(2) 试验电压:8kV。

(3) 直接放电:施加在操作人员正常使用时可能触及的外壳和操作部分,包括 RS-485 接口。

(4) 每个敏感试验点放电次数:正负极性各 10 次,每次放电间隔至少为 1s。

如配电终端的外壳为金属材料,则直接放电采用接触放电;如配电终端的外壳为绝缘材料,则直接放电采用空气放电。试验时配电终端允许出现短时通信中断和液晶显示瞬时闪屏,测试状态输入量、遥控、直流输入模拟量、交流输入模拟量和 SOE 站内分辨率应符合配电自动化终端的技术要求。静电放电引起的改变量应不大于准确等级指数的 200%。

5. 电快速瞬变脉冲抗扰度试验

按表 2-6 规定的严酷等级和试验电压,并在下述条件下进行试验。

(1) 配电终端在工作状态下,试验电压分别施加于配电终端的状态量输入回路、交流输入模拟量回路、控制输出回路的每一个端口和保护接地端之间。

1）严酷等级：3/4。

2）试验电压：±1kV/±2kV。

3）重复频率：5kHz 或 100kHz。

4）试验时间：1min/次。

5）试验电压施加次数：正负极性各 3 次。

（2）配电终端在工作状态下，试验电压施加于配电终端的供电电源端和保护接地端。

1）严酷等级：3/4。

2）试验电压：±2kV/±4kV。

3）重复频率：2.5kHz、5kHz 或 100kHz。

4）试验时间：1min/次。

5）施加试验电压次数：正负极性各 3 次。

（3）配电终端在正常工作状态下，用电容耦合夹将试验电压耦合至脉冲信号输入及通信线路上。

1）严酷等级：3。

2）试验电压：±1kV。

3）重复频率：5kHz 或 100kHz。

4）试验时间：1min/次。

5）施加试验电压次数：正负极性各 3 次。

在对各回路进行试验时，允许出现短时通信中断和液晶显示瞬时闪屏，测试状态输入量、遥控、直流输入模拟量、交流输入模拟量和 SOE 站内分辨率应符合配电自动化终端的技术要求。电快速瞬变脉冲群引起的改变量应不大于准确等级指数的 200%。

6. 阻尼振荡波抗扰度试验

配电终端在正常工作状态下，在下述条件下进行试验。

（1）电压上升时间（第一峰）：75ns±20%。

（2）振荡频率：1MHz±10%。

（3）重复率：至少 400 次/s。

（4）衰减：第三周期到第六周期之间减至峰值的 50%。

（5）脉冲持续时间：不小于 2s。

（6）输出阻抗：200Ω±20%。

（7）电压峰值：共模方式 2.5kV、差模方式 1.25kV（电源回路），共模方式 1kV（状态量输入回路控制输出回路各端口以及交流电压、电流输入回路）。

（8）试验次数：正负极性各 3 次。

（9）测试时间：60s。

在对各回路进行试验时，允许出现短时通信中断和液晶显示瞬时闪屏，测试状态输入量、遥控、直流输入模拟量、交流输入模拟量和 SOE 站内分辨率应符合配电自动化终端的技术要求。阻尼振荡波引起的改变量应不大于准确等级指数的 200%。

7. 浪涌抗扰度试验

配电终端在正常工作状态下，并在下述条件下进行试验。

（1）严酷等级：按表 2-7 规定，电源回路、交流输入模拟量回路为 3 级或 4 级，状态量输入回路和控制输出回路为 3 级或 4 级。

（2）试验电压：共模 2kV（3 级）或 4kV（4 级），差模 1kV（3 级）或 2kV（4 级）。

（3）波形：$1.2/50\mu s$。

（4）极性：正、负。

（5）试验次数：正负极性各 5 次。

（6）重复率：每分钟一次。

在对各回路进行试验时，允许出现短时通信中断和液晶显示瞬时闪屏，试验后测试状态输入量、遥控、直流输入模拟量、交流输入模拟量和 SOE 站内分辨率应符合配电自动化终端的技术要求。浪涌引起的改变量应不大于准确等级指数的 200%。

表 2-7 　　　　　　　　　　　　电磁兼容试验项目及等级

试验项目	等级	试验值	试验回路	终端类型
工频磁场抗扰度		100A/m	整机	全部
射频电磁场辐射抗扰度	3/4	10V/m(80～1000MHz) 30V/m(1.4～2GHz)	整机	全部
静电放电抗扰度	4	8kV，直接	外壳	全部
电快速瞬变脉冲群抗扰度		1.0kV(耦合)	通信线	全部
	3	1.0kV	信号输入、输出回路、控制回路	配变终端 站所终端
		2.0kV	电源回路	
	4	2.0kV	信号输入、输出回路、控制回路	馈线终端
		4.0kV	电源回路	

试验项目	等级	试验值	试验回路	终端类型
阻尼振荡波抗扰度	2	1.0kV（共模）	信号输入、控制回路、RS-485接口	全部
	4	2.5kV（共模） 1.25kV（差模）	电源回路	
浪涌抗扰度	3	2.0kV（共模） 1.0kV（差模）	信号输入、控制回路和电源回路	配变终端 站所终端
	4	4.0kV（共模） 2.0kV（差模）	信号输入、控制回路和电源回路	馈线终端

2.3.8 机械振动试验

配电终端不包装、不通电，固定在试验台中央，并在下述条件下进行试验。

（1）频率 f 为 2~9Hz 时振幅为 0.3mm。

（2）频率 f 为 9~500Hz 时加速度为 $1m/s^2$。

（3）在三个互相垂直的轴线上依次进行扫频。

（4）每轴线扫频循环 20 次。

试验后检查配电终端应无损坏和紧固件松动脱落现象，测试状态输入量、遥控、直流输入模拟量、交流输入模拟量和事件记录站内分辨率应符合配电自动化终端的技术要求。

2.3.9 通信协议一致性试验

该项试验主要检测配电终端在通信协议方面是否满足 DL/T634.5101 和 DL/T634.5104，测试内容主要包括检验配置、APCI 帧格式检测，APCI 传输规则检测，APCI 和 TCP 应用功能检测，过程信息、控制方向过程信息、监视方向系统命令、控制方向系统命令、控制方向参数命令的 ASDU（应用服务数据单元）检测及其他基本应用功能检测。

2.4 试验方案及报告编制

检测种类分为实验室检测和现场检测。实验室检测包括型式检测、专项检测和批次验收检测。现场检测包括交接检测和后续检测。不同检测种类的试验项目、试验条件、试验方法、注意事项等等各有不同，检验规则也各不相同。

2.4.1 实验室检测

实验室检测包括型式检测、批次验收检测。型式检测和批次验收检测的检测条件、检测方法相同，详见本章 2.3 节，但两者的检测项目不同，型式检测和批次验收检测项目见表 2-8。

表 2-8 型式检测和批次验收检测项目

建议顺序	检验大项	检验小项	型式检测	批次验收检测
1	外观和结构试验	外观一般检查试验	√	√
2		电气间隙和爬电距离试验	√	√
3		外壳和端子着火试验	√	
4		防尘试验	√	
5		防水试验	√	
6	基本功能和主要性能试验	与上级站通信正确性试验	√	√
7		信息响应时间试验	√	√
8		交流输入模拟量基本误差试验	√	√
9		交流模拟量输入的影响量试验	√	√
10		工频交流输入量的其他试验	√	√
11		直流模拟量模数转换总误差试验	√	√
12		状态量输入试验	√	√
13		远方控制试验	√	√
14		故障检测、识别、处理试验	√	√
15		安全防护试验	√	√
16	连续通电稳定性试验	连续通电稳定性试验	√	√
17	电源影响试验	电源断相试验	√	√
18		电源电压变化试验	√	√
19		后备电源试验	√	√
20		功率消耗试验	√	√
21		数据和时钟保持试验	√	
22	环境影响试验	低温试验	√	√
23		高温试验	√	√
24		湿热试验	√	

建议顺序	检验大项	检验小项	型式检测	批次验收检测
25	绝缘性能试验	绝缘电阻试验	√	√
26		绝缘强度试验	√	
27		冲击电压试验	√	√
28	电磁兼容性试验	电压暂降和短时中断试验	√	
29		工频磁场抗扰度试验	√	
30		射频电磁场辐射抗扰度试验	√	
31		静电放电抗扰度试验	√	
32		电快速瞬变脉冲群抗扰度试验	√	
33		阻尼振荡波抗扰度试验	√	
34		浪涌抗扰度试验	√	
35	机械振动试验	机械振动试验	√	
36	通信协议一致性试验	通信协议一致性试验	√	

在实验室开展检测工作时，需注意以下事项。

（1）检测工作开展前，确保检测设备仪器和待测终端可靠接地。

（2）标准源、标准表以及继保测试仪与待测终端的连接需由两人进行，一人连线，另一人检查，确保接线的正确，注意交流量的极性和接线方式、直流量的"＋""－"端子、遥信端子和遥控端子的公共端电平等。

（3）检测工作开展过程中，需严格按照设备的运行规程以及试验步骤进行，确保检测时人身和设备的安全。

（4）进行绝缘电阻和绝缘强度试验时，若绝缘电阻不满足要求，则可以不进行绝缘强度试验，直接判定绝缘强度未满足要求。

（5）检测工作未完成时，如需较长时间的中断，则需清理检测现场，将检测相关材料封装保存，待下次继续检测时使用。

（6）清理检测现场时需先将所有电源断开才能进行接线的拆除。

2.4.2 现场检测

现场检测包括投入运行前的交接检测和后续检测。交接检测和后续检测的检测条件、检测方法及检测项目相同，检测方法详见本章 2.3 节，检测项目见表 2 - 9。

表 2 - 9 现 场 检 测 项 目

序号		检验项目
1	通信	与上级站通信
2		校时
3	状态量采集	开关分合状态
4	模拟量采集	电压
5		电流
6		有功功率
7		无功功率
8	控制功能	开关分合闸
9	维护功能	当地参数设置
10		远方参数设置
11		程序远程下载
12	当地功能	运行、通信、遥信等状态指示
13	其他功能	馈线故障检测及记录
14		事件顺序记录

在现场开展检测工作时，需注意以下事项。

（1）试验人员应核对终端设备接线图、开关设备二次接线图和通信设备接线图，图纸资料应与现场情况相符。

（2）试验开始前，检查所需调试仪器、工器具齐全，调试现场安全、可靠。

（3）现场试验至少需两人配合开展。试验前，应据试验内容和性质安排好人员，要求所有人员明确各自的作业内容、进度要求、作业标准、安全注意事项、危险点及控制措施。然后，试验人员应检查终端接线，打开终端工作电源启动设备。

（4）试验人员应准备便携式计算机、标准功率源、标准表、遥信与遥控盒、万用表、小型发电机、剥线钳、电源盘、记号笔、绝缘垫、绝缘梯子、网线、串口线、电流测试线、电压测试线、细铜线、接线端子、终端三遥信息点表、参数表、一次接线图纸等设备和材料。

（5）试验人员应针对危险点做好保护措施，如严格进行遥信、遥测、遥控信号点核对，参数核对，图形核对；严禁未断电变更试验接线，加压设备断电后还应进行放电；遥控试验前检查数据库中遥控点号、遥控序号，并与现场人员进行核对；明确电源位置，做好带电体绝缘遮蔽及个人绝缘防护等安全措施；应使用绝缘工具，调试人员应站在绝缘垫上等。

现场试验结束后投运装备前，应注意以下几点。

（1）检查二次接线是否正确。

（2）现场工作结束后，工作人员应检查试验记录有无漏试项目，核对控制参数、告警信息、状态信息是否与预定值相符，试验数据、试验结论是否完整正确。将配电终端恢复到正常工作状态。

（3）拆除在检测时使用的试验设备、仪表及一切连接线，清扫现场，所有被拆动的或临时接入的连接线应全部恢复到试验前状态，所有信号装置应全部复归。

（4）清除试验过程中的故障记录、告警记录等所有信息。

（5）做好相关记录，说明运行注意事项，保存所有资料。

（6）上述检测合格方可投入运行。

2.4.3 试验方案编制

不论是实验室检测还是现场检测，开始工作前，都应准备编制相关的试验方案，内容包括目的、依据、试验项目及建议顺序、环境条件、仪器设备、试验方法与步骤、数据处理及结果判定、注意事项、记录表格，其中多数内容在本章 2.2～2.5 中阐述，这里重点介绍试验项目及建议顺序以及注意事项。

实验室检查试验项目及建议顺序为：外观检查试验、与上级站通信正确性试验、交直流输入模拟量基本误差试验、交流模拟量输入的影响量试验、状态量输入试验、远方与就地控制试验、故障处理试验、电源电压变化试验、功率消耗试验、工频交流输入量的其他试验、维护功能试验、绝缘电阻试验、绝缘强度试验、电磁兼容试验、机械振动试验。

现场检查试验项目及建议顺序为：通信检测、状态量采集检测、事件顺序记录检测、现场控制功能检测、模拟量采集检测、维护功能检测、馈线故障检测和记录检测、三相不平衡、当地功能检测。

2.4.4 试验报告编制

实验室检测试验报告应包括概述、检测日期、检测地点、检测条件、检测性质、检测主要依据、检测主要仪器仪表、被检样机基本情况、检测项目和结论十部分内容。其中，概述部分阐述检测工作的来源和背景。检测日期和检测地点应明确年月日以及在哪个实验室开展检查工作。检测条件主要是记录温湿度。检测性质主要是描述本次试验是型式检测、专项检测还是批次验收。检测主要依据要列出所有相关的标准、规范、书籍、期刊、通知等。检测主要仪器仪表需详细列出仪器设备名称、型号规格、编号、精度、有效日期等内容。被检样机基本情况应包括样机型号、样机名称、出厂编号、制造商、样机标准参数等。检测项目是试验报告的主体，应细化本章 2.3 中所有的试验项目，明确每一项要求的范围，并流出原始记录、误差计算和结论判定的位置。结论部分是对整个样机所有的检测项目的检测结果进行汇总。实验室检测试验涉及项目较多，篇幅较长，本章截取部分内容，详见表 2-10～表 2-13。

表 2-10   部分试验报告

序号	检测项	变化量	标准值 (V)	终端值 (V)	误差计算	结论	要求范围 (误差等级指数)
1	U_a U_b U_c	$U=100\%U_n$					0.5%
2	I_a I_b I_c	$I=0\%I_n$					0.5%

表 2-11   部分试验报告

序号	检测项	合	分	合	分	合	分	合	分	合	分	结论	要求范围
1	遥信												状态变化 10 次，正确率 100%
2	遥信 2												

表 2-12   部分试验报告

序号	检测项	次数	遥信 1 时间 (ms)	遥信 2 时间 (ms)	分辨率 (ms)	结论	要求范围
1	任意两路遥信 SOE 分辨率	1					事件记录分辨率不大于 10ms
		2					

表 2-13   部分试验报告

序号	检测项	次数（共 20 次）							结论	要求范围
1	遥控合									遥控执行 20 次，正确率 100%
2	遥控分									

现场试验报告应记录安装设备的生产厂家、型号、其安装位置的通信参数、实现功能、设备的主要技术参数，检查合格证、说明书、出产检验报告、设计图纸等资料是否齐全并记录。在现场试验前应进行接线、孔洞、标签、安

全措施等进行检查，最后按现场试验方法开展状态量采集试验、模拟量采集试验、控制试验、通信试验等。现场试验检测报告部分内容详见表 2-14。

表 2-14 部分现场试验报告

终端信息			
生产厂商		装置型号	
通信方式	光纤【 】载波【 】GPRS【 】	实现功能	"一遥"【 】"二遥"【 】"三遥"【 】
主要技术指标			
额度电流		电流精度	
遥控路数		遥信个数	
资料验收			
说明书【 】	产品合格证【 】	出产检验报告【 】	工程设计图纸【 】

安装工艺验收			
验收项目	合格	要求	备注
端子接线正确性检查	是【 】否【 】	接线与设计图纸一致，"三遥"、电源、接地等回路接线正确	
孔洞封堵到位检查	是【 】否【 】	引线的孔洞应封堵以防小动物进入	
标签正确性检查	是【 】否【 】	终端、回路需有指示标签，电缆需有指示挂牌	

基本功能验收测试					
开关路数		一		二	
开关编号					
电流互感器变比					
遥测测试	电流注入值	3A		3A	
	电流遥测值	A 相	C 相	A 相	C 相
					误差≤0.5%
	线电压注入值	100V			
	电压遥测值	AB 线电压		BC 相线电压	

故障报警测试						调试软件可收到过流保护信息
遥控测试						调试软件的遥控指令可正确执行
遥信测试						调试软件可收到开关变位及时标

2.5 试验典型案例及问题分析

2.5.1 典型案例

（1）［案例1］ 按 2.3.4 节第 4 条所述电压、电流回路功率消耗试验方法，对某潜在供应商送检的配电自动化终端样机进行回路功率消耗检测，测试结果见表 2-15。样机交流电流 A 相回路功率消耗达到 0.904VA，交流电流 C 相回路功率消耗达到 0.802VA，超过每相交流电流回路功率消耗小于 0.5VA 的要求。交流电压 AB 回路和交流电压 BC 回路功率消耗满足要求。

表 2-15   交流回路功率消耗检测存在问题

序号	检测回路	功率消耗（VA）	结论	要求范围
1	交流电压 AB 回路	0.204	交流电流回路功率消耗偏大	交流电压＜0.5VA/相，交流电流＜0.5VA/相
2	交流电压 BC 回路	0.201		
3	交流电流 A 相回路	0.904		
4	交流电流 C 相回路	0.802		

（2）［案例2］ 按 2.3.6 节第 2 条所述绝缘强度试验方法，对某潜在供应商送检的配电自动化终端样机进行绝缘强度检测，测试结果见表 2-16。样机电源输入端子对外壳接地端子间施加 0.656kV 电压时，泄漏电流超过 5mA，不满足试验时不得出现击穿、闪络现象，泄漏电流应不大于 5mA 的要求。交流电压端子对外壳接地端子、交流电流端子对外壳接地端子、交流电压端子对交流电流端子的绝缘强度满足要求。

表 2-16   绝缘强度存在问题

序号	检测部位	泄漏电流（mA）	结论	要求范围
1	电源输入端子对外壳接地端子	>5	0.656kV 时，电源输入端子对外壳接地端子泄漏电流超过 5mA	试验时不得出现击穿、闪络现象，泄漏电流应不大于 5mA
2	交流电压端子对外壳接地端子	2.23		
3	交流电流端子对外壳接地端子	0.09		
4	交流电压端子对交流电流端子	0.00		

（3）［案例 3］按 2.3.2 节第 3 条所述交流输入模拟量基本误差试验方法，对某潜在供应商送检的配电自动化终端样机进行模拟量基本误差检测，部分测试结果见表 2-17。样机 B 相电流回路在输入电流为 100% 额定电流时，相对误差达到 0.537%，在输入电流为 120% 额定电流时，相对误差达到 0.636%，超过交流电流误差小于 0.5% 的要求。A 相和 C 相电流精度满足要求。

表 2-17   交流电流基本误差检测存在问题

序号	检测项	变化量	标准值（A）	终端值（A）	误差计算	结论	要求范围
1	I_a	$I=100\%$ I_n	4.996	4.986	0.214%	当输入电流 $I=100\%I_n$ 和 $I=120\%I_n$ 时，B 相电流误差偏大	0.5%
	I_b		4.999	4.972	0.537%		
	I_c		5.000	4.982	0.349%		
2	I_a	$I=120\%$ I_n	6.000	5.983	0.331%		
	I_b		5.999	5.967	0.636%		
	I_c		6.000	5.979	0.416%		

（4）［案例 4］按 2.4.2 节第 7 条所述状态量输入试验方法，对某潜在供应商送检的配电自动化终端样机进行事件顺序记录站内分辨率检测，测试结果见表 2-18。随机选择的两路遥信事件顺序记录 SOE 分辨率在第三次试验时达到 11ms，超出事件记录分辨率不大于 10ms 的要求，其他四次试验满足要求。

表 2 - 18			事件顺序记录 SOE 分辨率检测存在问题				
序号	检测项	次数	遥信 1 时间 （ms）	遥信 2 时间 （ms）	分辨率 （ms）	结论	要求范围
1	任意两路遥信SOE分辨率	1	09：50：17.434	09：50：17.424	10	事件顺序记录 SOE 分辨率大于 10ms	事件记录分辨率不大于 10ms
		2	09：50：17.734	09：50：17.724	10		
		3	09：50：18.434	09：50：18.423	11		
		4	09：50：18.733	09：50：18.723	10		
		5	09：50：19.433	09：50：19.423	10		

（5）［案例 5］按 2.4.2 节第 8 条所述远方控制试验方法，对某潜在供应商送检的配电自动化终端样机进行远方控制检测检测，测试结果见表 2 - 19。其中某一控制回路分别进行 20 次遥控合与遥控分操作，均未能正常执行。

表 2 - 19		部分远方遥控执行正确性检测存在问题										
序号	检测项	次数（共 20 次）									结论	要求范围
1	遥控合	×	×	×	×	×	×	×	×	×	×	未能执行远方控制	遥控执行 20 次，正确率100%
		×	×	×	×	×	×	×	×	×	×		
2	遥控分	×	×	×	×	×	×	×	×	×	×		
		×	×	×	×	×	×	×	×	×	×		

（6）［案例 6］按 2.4.2.5 节所述故障电流输入试验方法，对某潜在供应商送检的配电自动化终端样机进行故障电流测量误差检测，测试结果见表 2 - 20。样机 A、B、C 三相电流回路分别输入 50A 标准电流时，终端样机 A 相电流测量值为 46.0450A，B 相电流测量值为 46.0600A，C 相电流测量值为 46.0250A，相对误差分别达到 7.910%、7.880%、7.950%，误差偏大，不满足故障电流为十倍额定电流时，回路总误差不大于 ±5% 的要求。

表 2 - 20			故障电流基本误差检测存在问题				
序号	检测项	变化量	标准值 （A）	终端值 （A）	误差计算 （%）	结论	要求范围
1	I_a	$I=10I_n$	50.00	46.045 0	7.910	故障电流基本误差偏大	故障电流输入范围为 $10I_n$，总误差不大于 ±5%
2	I_b		50.00	46.060 0	7.880		
3	I_c		50.00	46.025 0	7.950		

2.5.2　问题分析

供应商在配电自动化终端设计、生产、检测中，任一环节出现差错，都有可能导致终端在入网检测中的不合格，如［案例1］中电流回路功率消耗偏大，这是由于配电终端布线不合理造成的，电流回路排线偏长，接口过渡电阻偏大，核心单元电流回路功耗控制不良等因素导致问题发生。

［案例2］中，在进行绝缘强度检测发现电压升到 0.656kV 时，送检样机的电源输入端子对外壳接地端子泄漏电流超过 5mA，这是由于该样机采用全金属外壳，且未喷涂绝缘漆，电压回路裸露部分对外壳间隙偏小，对外壳放电造成的。

［案例3］中，当输入电流 $I=100\%I_n$ 和 $I=120\%I_n$ 时，B 相电流误差偏大，这是由于样机 B 相回路未在大电流下条件进行严格校准，导致 B 相电流小范围超出标准要求。

［案例4］中终端 SOE 分辨率不稳定，说明终端的守时精度和时间标识处理机制仍达不到标准要求。

［案例5］中样机未能执行远方控制，这是由于送检样机接线不牢靠，未能承受运输过程中的振动导致控制回路接线松动。

［案例6］中故障电流基本误差检测发现仪器向样机注入 50A 的电流，样机仅测量出 46.06A，这是由于 10 倍额定电流下样机电流回路的测量 CT 饱和造成的。

第 **3** 章

配电线路故障指示器试验

配电线路故障指示器（简称故障指示器）是安装在配电线路上，用于监测、指示线路故障的单元总称，故障指示器作为配电网自动化设备的重要补充，可识别短路故障、单相接地故障等线路的非正常状态。按照线路类型、通信方式和单相接地故障的检测方法，配电线路故障指示器可分 9 种，具体见表 3-1。

表 3-1   故障指示器分类

线路类型	通信方式	单相接地故障检测方法	故障指示器类型
架空型	远传型	外施信号	架空远传型故障指示器（外施信号型）
		暂态特征	架空远传型故障指示器（暂态特征型）
		暂态录波	架空远传型故障指示器（暂态录波型）
	就地型	外施信号	架空就地型故障指示器（外施信号型）
		暂态特征	架空就地型故障指示器（暂态特征型）
电缆型	远传型	外施信号	电缆远传型故障指示器（外施信号型）
		稳态特征	电缆远传型故障指示器（稳态特征型）
	就地型	外施信号	电缆就地型故障指示器（外施信号型）
		稳态特征	电缆就地型故障指示器（稳态特征型）

故障指示器具备运行数据采集、处理、存储、指示故障等功能。其中数据采集包括交流电压、电流、电场、电池电压等模拟量采集；状态量采集包括短路故障、接地故障等；多套故障指示器有效配合时可定位故障区间。

故障指示器试验包括实验室检测和现场检测。实验室检测包括型式检测、专项检测和到货抽检等。不同检测种类的试验系统、试验条件、试验项目、试验方法、注意事项等各有不同。

3.1 试 验 系 统

3.1.1 试验系统组成及接线

实验室检测是指将故障指示器的采集单元挂在固定管上，通过输出装置输出各类波形，如两相短路、金属性单相接地、间歇性电弧、重合闸波形等。按照输出电流的大小，实验室检测系统主要分为小电流模拟仿真系统和大电流模拟仿真系统两种。

1. 小电流模拟仿真系统

检测系统包含一个可输出变化小电流的输出源、一条多匝线圈、固定管、录波仪器、标准表等设备。主要用于开展短路故障、重合闸识别、人工投切大负荷等试验。

利用已有的调压器预防性试验设备，如微机继电保护测试仪作为输出源，利用多匝线圈作为一次线路。如图 3-1 所示，用线自制成一个升流线圈，如用 $\phi1.0mm$ 的漆包线在固定管上绕成多匝的升流线圈，通过绕线提高通过故障指示器的磁场值，产生磁场的数值和绕圈匝数成正比，将故障指示器挂在该升流线圈上，并用输出变化的小电流，使挂在升流线圈上的故障指示器感应到大电流的输出变化，观察故障指示器是否正确动作。

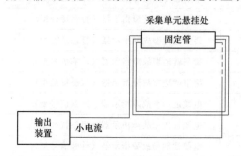

采集单元悬挂处

图 3-1 小电流模拟仿真系统

2. 大电流仿真系统

检测系统包含一个可输出变化大电流的输出源、一条电缆、录波仪器、固定管、标准表等设备。主要用于开展短路故障、重合闸识别、人工投切大负荷等试验。

如图 3-2 所示，利用已有的大电流发生装置作为输出源，利用电缆作为一次线路，直接输出变化的大电流，使故障指示器感应到大电流的输出变化，观察故障指示器是否正确动作。

故障指示器现场试验为真型试验，将故障指示器的采集单元挂在线路上，汇集单元挂在附近的电线杆上，将特制的电阻类元件直接接入 10kV 馈线中，馈线真实地发生馈线故障现象，如两相短路、金属性单相接地、间歇性电弧、重合闸等异常状态，测试配电自动化的故障处理过程。该方法设计的关键在

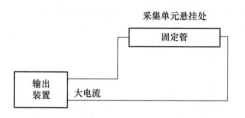

图 3-2　大电流仿真系统

于：既能模拟实际故障现象，又能减小对系统冲击的阻抗元件设计及短路试验安全保障措施。

现场检测系统包含一个 10kV 变电站、至少一条架空线路、短路电阻模块、金属性接地模块、弧光接地模块、录波仪器、金具电缆、10kV 保护开关、安全防护设施等。主要用于模拟短路故障、单相接地故障（含金属性和电弧接地故障）、重合闸识别和带电装卸试验等。

10kV 线路两相短路电流一般可达几千安到十几千安，为了既能降低短路电流对系统的冲击，又能确保试验结果的有效性，短路电阻元件可将短路电流限制到一定范围内，减小模拟相间短路时对系统的冲击，通过将电阻器接入到被测线路的两相之间，实现短路故障模拟。

两相短路故障系统示意图如图 3-3 所示。变电站通过出线开关与试验断路器相连，而后经过电阻连接到其他相。断路器由控制模块控制分合，录波装置通过连接线获取三相和零序电流电压值。

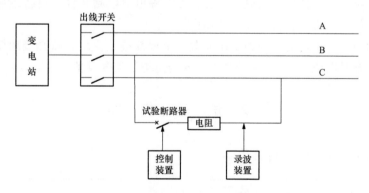

图 3-3　两相短路故障系统示意图

单相接地故障系统示意图如图 3-4 所示。变电站通过出线开关与试验断路器相连，而后经过电阻或电弧模块接地。断路器由控制模块控制分合，录波装置通过连接线获取三相和零序电流电压值，其中采用电阻串联时可模拟金属性接地故障，采用电弧模块串联时可模拟弧光接地故障。

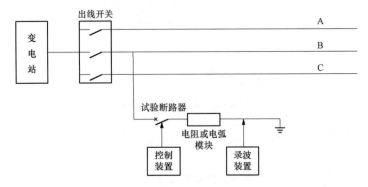

图 3-4　单相接地系统示意图

3.1.2　仪器仪表配置及要求

小电流仿真系统检测系统由可输出变化小电流的输出源、模拟主站、多匝线圈、电缆、固定管、录波仪器、标准表、高低温箱、盐雾机、振动机、握力仪器、电磁兼容类仪器、锂电池检测装置等设备组成。计量所需的仪器需经检测合格并在有效期内。

大电流仿真系统检测系统由可输出变化大电流的输出源、模拟主站、电缆、录波仪器、固定管、标准表、电流互感器、电压互感器、高低温箱、盐雾机、振动机、握力仪器、电磁兼容类仪器、锂电池检测装置等设备组成。计量所需的仪器需经检测合格并在有效期内。

现场检测系统需配置短路电阻模块、金属性接地模块、弧光接地模块、录波仪器、金具电缆、10kV 保护开关、安全防护设施等设备。

3.2　试　验　条　件

3.2.1　试验前准备工作

1. 实验室检测的准备工作

（1）该试验至少需两人。其中一个操作、记录，一人监护。

（2）检查核对录波设备电流互感器的变比值是否与现场实际情况符合。

（3）检测现场应提供安全可靠的独立试验电源，禁止从运行设备上接取试验电源。

（4）所有设备均应接地，且连接牢固。

（5）所有人员进入试验外安全区域，并安排专人监护。

（6）安全围栏合拢，并在醒目位置悬挂安全标志牌和警示灯。

（7）操作人员就位，并位于绝缘垫上，记录员准备好记录工具。

（8）若有测试通信项目，应事先记录采集单元的 ID，将采集单元标注为 A、B、C 三相，并按顺序安装，防止试验时记录错 ID 时，重新拆卸采集单元。

（9）采集单元的复位时间一般默认为 2～48h，对实验室重复性试验极为不利，为减少测试时间，提高检测效率，宜将复位时间设置为 1min。同时要求 1min 后复位时，保证恢复为非故障状态，随时可进行下一轮试验。为减少人为误差，试验人员在复位后应至少延迟 5s，才可以进行下轮试验。

（10）若有遥测项目，宜将采集单元主动上送频率及通信汇集单元上送频率调整为 1min。

（11）若有通信链接项目，应选择在通信顺畅区、通信顺畅时段进行，一般最有利时间段为凌晨，各地可根据当地特点选择时间段。

（12）若多套同时测试时，在主站设置多个通信端口，此时各汇集单元设置的 ID 可相同。

（13）若为到货抽检，调试人员应记录下前面几项参数设置前的内容，并要求试验结束后参数恢复原样，以防止委托单位提货后误安装不合适参数的设备。

2. 现场试验的准备工作

（1）现场检测前，应详细了解保护设备的运行情况，据此制定在检测工作过程中确保系统安全稳定运行的技术措施。

（2）检查核对录波设备电流互感器的变比值是否与现场实际情况符合。

（3）检测现场应提供安全可靠的独立试验电源，禁止从运行设备上接取试验电源。

（4）确认控制器的所有金属结构及设备外壳均应连接于等电位地网。

（5）安全围栏合拢，并在醒目位置悬挂安全标志牌和警示灯。

（6）所有人员进入试验外安全区域，并安排专人监护。

（7）按相关安全生产管理规定办理工作许可手续。

3.2.2 气候环境条件

根据使用测试场所的不同，环境温度、湿度分级见表 3‑2。

表 3-2　　　　　　　　　　　　　工作场所环境温度和湿度分级

级别	环境温度		湿度		使用场所
	范围 （℃）	最大变化率 （℃/min）	相对湿度 （%）	最大绝对湿度 （g/m³）	
C1	−5～+45	0.5	5～95	29	非推荐
C2	−25～+55	0.5	10～100	29	户外
C3	−40～+70	1.0	10～100	35	户外（推荐）
CX	特定				

注：CX 级别根据需要由用户和制造商协商确定。

3.2.3　电源条件

电源：电源电流总畸变率不大于 5%、稳定度在±3%范围内。

电流跳变抖度：测试时，试验电流跳变的衰减不大于 10ms。

3.3　试验项目及方法

故障指示器的试验分为型式试验、出厂试验、到货抽检和抽查试验四种。

（1）在以下情况下应进行型式试验。

1）新产品定型或老产品转厂生产时。

2）大批量生产的设备每 2 年 1 次。

3）小批量生产的设备每 3 年 1 次。

4）正式生产后，在设计工艺、材料、结构有改变，并可能影响产品性能时。

5）合同规定有型式试验要求时。

6）国家质量监督机构提出进行型式检验的要求时。

（2）型式试验的要求。

1）故障指示器型式试验应在不少于 3 套样品上进行，每套样品包含采集单元 3 个、汇集单元 1 个（远传型故障指示器需提供）。功能、性能、电磁兼容等试验项目必须用相同的一套指示器完成试验，中途不得更换。

2）指示器生产企业应提供采集单元和架空导线悬挂安装的汇集单元样品外壳材质覆盖关键参数的第三方检测报告。

3）型式试验开始前应先对包装、标志进行检查，全部符合要求后才能进行试验。

4）型式试验项目全部符合要求才视为合格。发现有不符合要求的项目应分析原因、处理缺陷，对产品进行整改后，再按全部型式试验项目进行试验。

（3）出厂试验。装置在出厂前必须进行出厂试验，全部出厂试验项目合格后才发放产品合格证和出厂试验报告，故障指示器的合格证和出厂试验报告内容应包含采集单元和汇集单元的型号、编号，配电终端合格证和出厂试验报告内容应包含终端的型号、编号。

（4）物资抽检。在成批装置采购时，或根据装置的运行工况，可以安排进行抽样检测。故障指示器每种型号按不低于1‰开展抽查试验，每批抽检数量不少于6套。

（5）到货试验。装置到货后，在安装至现场前，进行全检或抽检试验。根据不同试验性质，按表3-3的试验项目进行试验和结论判定。

表 3-3　　　　　　　　　　试　验　项　目

序号	试验项目	试验方法与要求	型式试验	出厂试验	物资抽检	到货试验		不合格分类
						抽检	全检	
1	外观与结构检查	3.3.1	√	√	√	√	√	C
2	功能试验	3.3.2	√	√	√	√	√	A
3	着火危险试验	3.3.3第1条	√	—	—	—	—	B
4	振动耐久试验	3.3.3第2条	√	—	—	—	—	B
5	自由跌落试验	3.3.3第3条	√	√	√	√	—	B
6	卡线结构的握力试验	3.3.3第4条	√	—	√	—	—	B
7	绝缘性能试验	3.3.3第5条	√	√	√	—	—	A
8	低温性能试验		√	—	√	—	—	A
9	高温性能试验	3.3.3第6条	√	—	√	—	—	A
10	交变湿热试验		√	—	—	—	—	A
11	静电放电抗扰度试验	3.3.3第7条	√	—	√	—	—	A
12	射频电磁场辐射抗扰度试验	3.3.3第8条	√	—	√	—	—	A
13	浪涌（冲击）抗扰度	3.3.3第9条	√	—	√	—	—	A
14	工频磁场抗扰度试验	3.3.3第10条	√	—	√	—	—	A
15	电快速瞬变脉冲群抗扰度试验	3.3.3第11条	√	—	√	—	—	A
16	阻尼振荡磁场抗扰度试验	3.3.3第12条	√	—	√	—	—	A
17	耐受短路电流冲击试验	3.3.4第1条	√	—	√	—	—	A
18	盐雾试验	3.3.4第2条	√	—	—	—	—	B
19	防护等级试验	3.3.4第3条	√	—	—	—	—	A
20	功率消耗试验	3.3.5	√	√	√	—	—	A
21	电源试验	3.3.6	√	√	√	—	—	A

3.3.1　外观与结构检查

目测检查终端应具备唯一硬件版本号、软件版本号、类型标识代码和 ID 号标识代码，并采用二维码方式统一进行识别。采集单元报警指示灯应采用不少于 3 只超高亮 LED 发光二极管，布置在采集单元正常安装位置的下方，地面 360°可见。汇集单元的底部应具备绿色运行闪烁指示灯，在杆下明显可见。采集单元宜采用双 TA 回路设计，取电回路宜采用高磁导率的磁芯。装置外壳应采用抗紫外线、抗老化、抗冲击和耐腐蚀材料，应有足够的机械强度，能承受使用或搬运中可能遇到的机械力，适应严酷的户外运行环境，满足户外长期免维护的要求。采集单元外观应整洁美观、无损伤或机械形变，内部元器件、部件固定应牢固，封装材料应饱满、牢固、光亮、无流痕、无气泡。汇集单元外观应整洁美观、无损伤或机械形变，内部元器件、部件固定应牢固。太阳能板应采用自洁、防污型的纳米玻璃面板。

用拉力计测量采集单元重量不应大于 1kg，架空导线悬挂安装的汇集单元重量不应大于 1.5kg。安装时采集单元时，采集单元安装应结构合理、方便可靠，支持带电安装和拆卸。采集单元卡线结构应有合适的握力，安装牢固且不应造成线缆损伤，适用于各种不同截面线缆，在不同截面线缆上安装方便可靠，并不影响故障检测性能。结构件经 50 次装卸应到位且不变形，不影响故障检测性能。

3.3.2　功能试验

1. 短路故障识别功能

在正常环境温度下对指示器进行永久性短路功能试验，将采集单元接入模拟试验系统中。动作前，回路中电场、电流值处于正常状态；动作时，回路中的电流值、电场值超过设定的报警动作值并满足所有其他故障判据条件；20～40ms 内，该故障电流、电场下降，残余电流不超过 5A 零漂值。如图 3-5 所示。故障指示器的短路故障判据应自适应负荷电流大小，故障突变电流的启动值宜不低于 150A，当采集单元检测到故障电流且该故障电流很快消失，残余电流不超过 5A 零漂值时，采集单元应能发出重

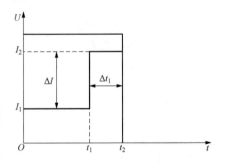

图 3-5　永久性相间短路故障状态序列

合闸报警并在规定时间复位。其中 ΔI（或 I_2）满足故障指示器动作电流，Δt_1 满足故障指示器动作时间，应发出短路故障报警指示。可以根据被测样品的判据调整参数，推荐采用以下数值：$U=10\mathrm{kV}$，$I_1=100\mathrm{A}$、$t_1=60\mathrm{s}$；$I_2=400\mathrm{A}$、$\Delta t_1=150\mathrm{ms}$；停电，残流不大于 5A。

在正常环境温度下对指示器进行瞬时性短路功能试验，将采集单元接入模拟试验系统中。动作前，回路中电场、电流值处于正常状态；动作时，回路中的电流值、电场值超过设定的报警动作值并满足所有其他故障判据条件；20～40ms 时，该故障电流、电场下降，残余电流不超过 5A 零漂值；20ms 后，重合闸成功，线路电场、电流值恢复为故障前的负荷水平。重合闸（瞬时性相间短路故障）状态序列如图 3-6 所示。故障指示器的短路故障判据应自适应负荷电流大小，故障突变电流的启动值宜不低于 150A，采集单元应能发出重合闸报警并在规定时间复位。可根据被测样品的判据调整参数，推荐采用以下数值：$U=10\mathrm{kV}$，$I_1=100\mathrm{A}$，$t_1=60\mathrm{s}$；$I_2=$

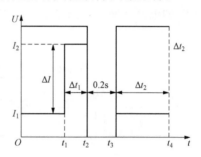

图 3-6　重合闸（瞬时性相间短路故障）状态序列

$400\mathrm{A}$、$\Delta t_1=150\mathrm{ms}$；停电，残流不大于 5A，持续时间 0.2s；重合闸成功，$U=10\mathrm{kV}$，$I_1=100\mathrm{A}$、$\Delta t_2=60\mathrm{s}$。

2. 复位功能试验

将采集单元接入模拟试验系统中，设定故障指示器的复位时间（推荐数值 24h），模拟短路故障，记录定时复位时间，试验结果满足以下要求。

（1）就地型故障指示器的短路故障报警启动误差应不大于 ±10%。短路故障电流最小识别时间范围 40ms。采集单元应能根据故障类型选择复位形式，永久性故障上电后自动延时复位。上电自动复位时间不大于 5min。定时复位时间推荐 4、12、24、48h，定时复位时间允许误差不超过 ±1%。

（2）远传型故障指示器的短路故障报警启动误差应不大于 ±10%，高低温运行环境下启动误差应不大于 ±10%。短路故障电流最小识别时间范围 40ms。采集单元应能根据故障类型选择复位形式，永久性故障上电后自动延时复位。通过配电主站可远程遥控采集单元复位。上电自动复位时间不大于 5min。定时复位时间可设定，设定范围不大于 48h，最小分辨率为 1min，定时复位时间允许误差不超过 ±1%。远传型故障指示器应能向主站上传故障录波信号。

3. 接地故障指示及其复位功能

模拟与实际单相接地现象相符的试验环境，动作前，回路中电场、电流值处于正常状态；动作时，回路中的电流值、电场值超过设定的报警动作值并满足所有其他故障判据条件。

（1）暂态特征型故障指示器。故障指示器应能监测暂态电流和暂态电压，通过两者的关系判别接地故障。

（2）外施信号型故障指示器。模拟试验系统模拟单相接地故障，外施信号源动作后产生图3-7所示的电流波形序列，叠加到故障回路负荷电流上，故障指示器通过检测相电流特征信号判别接地故障，随机减少或增加不多于两个ΔT_1的电流脉冲，故障指示器应正确判别接地故障，并就地指示。

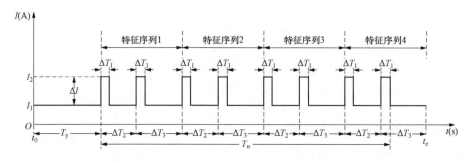

图3-7 外施信号源动作后产生的电流波形序列

（3）暂态录波型故障指示器。模拟试验系统模拟单相接地故障，回路中的电流值、电场值超过设定的报警动作值并满足所有其他故障判据条件。3只相序采集单元通过无线对时同步采样，实时录制线路电流波形，在发生单相接地故障后，采集单元将故障前后的电流波形发送至汇集单元，由汇集单元合成暂态零序电流波形，转化为波形文件后上传主站。主站收集故障线路所属母线所有故障指示器的波形文件，根据零序电流的暂态特征并结合线路拓扑综合研判，判断出故障区段，再向故障回路上的故障指示器发送命令，进行故障就地指示。

暂态录波型故障指示器需具备以下要求。

1）录波范围包括不少于故障时刻前4个周波和后8个周波，每周波不少于80个采样点，录波数据循环缓存。

2）汇集单元应能将3只采集单元上送的故障信息、波形合成为一个波形文件并标注时间参数上送给主站，时标误差小于$100\mu s$。

3）录波启动条件可包括电流突变、相电场强度突变等，应实现同组触发、阈值可设。

4）录波数据可响应主站发起的召测，上送配电主站的录波数据应符合

Comtrade1999 标准的文件格式要求，只采用 CFG 和 DAT 两个文件，并且采用二进制格式。

5) 接地故障录波暂态性能中最大峰值瞬时误差应不大于±10%。故障发生时间和录波启动时间的时间偏差不大于20ms。

(4) 稳态特征型故障指示器。模拟试验系统模拟单相接地故障，稳态零序电流满足故障判据，应能识别接地故障。

当发生接地故障时，除以上要求外，故障指示器检测结果还需满足以下要求。

(1) 就地型故障指示器。

1) 线路发生单相接地故障时，采集单元应能就地发出接地故障报警指示。

2) 接地故障判别适应中性点不接地、消弧线圈接地、经小电阻接地等配电网中性点接地方式，以及不同配电网网架结构；满足金属性接地、弧光接地、电阻接地等不同接地故障检测要求。

3) 接地故障识别正确率：①金属性接地应达到100%；②小电阻接地应达到100%；③弧光接地应达到80%；④高阻接地（800Ω以下）应达到70%。

(2) 远传型故障指示器。

1) 线路发生单相接地故障时，当装置能判断出接地故障处于安装位置的上游和下游时，采集单元应能就地采集故障信息和波形，以闪光形式（或辅以机械翻牌）指示故障，且能将故障信息和波形上传至主站；当装置不能判断出接地故障处于安装位置的上游和下游时，装置应能就地采集故障信息或波形，且能将故障信息或波形传至主站进行判断，同时汇集单元应能接收主站下发的故障数据信息，采集单元以闪光形式（或辅以机械翻牌）指示故障。

2) 接地故障判别适应于中性点不接地、消弧线圈接地、经小电阻接地等配电网中性点接地方式，以及不同配电网网架结构；满足金属性接地、弧光接地、电阻接地等不同接地故障检测要求。

3) 接地故障识别正确率：①金属性接地应达到100%；②小电阻接地应达到100%；③弧光接地应达到80%；④高阻接地（800Ω以下）应达到70%。

4. 防误报警功能试验

(1) 负荷波动防误报警试验。将采集单元接入模拟试验系统中，模拟如图3-8所示的负荷波动状态序列，可根据被测样品的判据调整参数，推荐采用下列数值：$U=10\text{kV}$，$I_1=100\text{A}$、$t_1=$

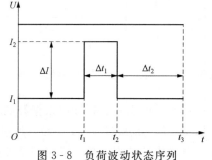

图3-8 负荷波动状态序列

$60s$；$I_2 = 400A$、$\Delta t_1 = 150ms$；$\Delta t_2 = 60s$。该项目进行 10 次，记录指示器动作情况，指示器应不误动作，动作正确率应达到100%。

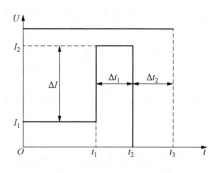

图 3-9　人工大负荷投切状态序列

（2）人工大负荷投切防误报警试验。将采集单元接入模拟试验系统中，模拟如图 3-9 所示的状态序列，可根据被测样品的判据调整参数，推荐采用下列数值：$U = 10kV$，$I_1 = 100A$、$t_1 = 60s$；$I_2 = 400A$、$\Delta t_1 = 15s$；$I = 0$、$\Delta t_2 = 60s$。该项目进行 10 次，记录指示器动作情况，指示器应不误动作，动作正确率应达到100%。

（3）线路突合负载涌流防误报警试验。将采集单元接入模拟试验系统中，模拟如图 3-10 所示的状态序列，可根据被测样品的判据调整参数，推荐采用下列数值：$U = 10kV$，$I = 0A$、$t_1 = 60s$；$I_2 = 400A$、$\Delta t_1 = 150ms$；$I_1 = 100A$、$\Delta t_2 = 60s$。该项目进行 10 次，记录指示器动作情况，指示器应不误动作，动作正确率应达到100%。

（4）非故障支路重合闸防误报警试验。将采集单元接入模拟试验系统中，模拟如图 3-11 所示的状态序列，可根据被测样品的判据调整参数，推荐采用下列数值：$U = 10kV$，$I_1 = 100A$、$t_1 = 60s$；$I = 0A$、$U = 0V$、持续 0.2s；$U = 10kV$，$I_2 = 400A$、$\Delta t_1 = 150ms$；$I_1 = 100A$、$\Delta t_2 = 60s$。该项目进行 10 次，记录指示器动作情况，指示器应不误动作，动作正确率应达到100%。

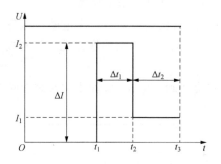

图 3-10　线路突合负载涌流状态序列

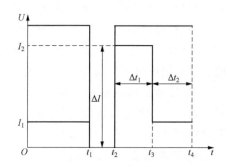

图 3-11　非故障支路重合闸状态序列

（5）带电安装、拆卸防误报警试验。模拟试验系统模拟正常负荷状态（推荐数值：$U = 10kV$，$I = 100A$），通过安装工具将架空线型故障指示器的采集单元、悬挂安装的汇集单元安装到模拟试验系统或从模拟试验系统拆卸时，采集单元、悬挂安装的汇集单元不应误报警。该项目进行 10 次，记录指示器动作情况，指示器应不误动作，动作正确率应达到 100％。

（6）邻近干扰防误报警试验。

1）将架空线型故障指示器的采集单元、悬挂安装的汇集单元安装到模拟试验系统中，在其线路上模拟正常负荷状态（推荐数值：$U=10kV$，$I=100A$）；在与其相邻 500mm 的线路模拟短路故障，故障模拟参数参考短路故障识别试验。

2）将架空线型故障指示器的采集单元、悬挂安装的汇集单元安装到模拟试验系统中，在其线路上模拟短路故障，故障模拟参数参考短路故障识别试验；在与其相邻 500mm 的线路正常负荷状态（推荐数值：$U=10kV$，$I=100A$）。

该项目进行 10 次，记录指示器动作情况，指示器应不误动作，动作正确率应达到 100％。

5. 监测功能

模拟与正常负荷现象相符的试验环境，将采集单元接入模拟试验系统中，装置应能及时上报一次侧的三相负荷电流、相电场强度、故障电流等运行信息和主供电源、后备电源、相电场强度变化等状态信息，并能将以上信息上送至主站。电流采集精度应满足以下要求。

（1）负荷电流为 0～100A 时，测量误差不超过 ±3A。

（2）负荷电流为 100～600A 时，测量误差不超过 ±3％。

6. 数据存储功能

将远传型指示器接入模拟试验系统中，模拟正常负荷电流（推荐数值：$U=10kV$、$I=100A$），汇集单元可循环存储每组采集单元至少 31 天的电流、相电场强度定点数据、64 条故障事件记录和 64 次故障录波数据，且断电可保存，定点数据固定为一天 96 个点。通过主控软件对采集单元和汇集单元进行参数修改，并且能存储，断电能保存。

7. 维护功能

将远传型指示器接入模拟试验系统中，模拟与实际负荷、短路和单相接地现象相符的试验环境，通过模拟主站依次对指示器进行配置，试验过程中应能正确配置。检测结果应符合以下要求。

（1）短路、接地故障的判断启动条件。

（2）故障就地指示信号的复位时间、复位方式。

（3）采集单元上送数据至汇集单元时间间隔和汇集单元上送数据至主站时间间隔。

（4）采集单元故障录波时间、周期和汇集单元历史数据存储时间。

（5）故障录波数据存储数量和汇集单元的通信参数。

（6）汇集单元支持通过无线公网 APN 专网远程升级。

（7）具备电池电压自诊断功能，检测自身的电池电压。当电池电压低于一定限值时，应能上报低电压告警信息。

（8）汇集单元、采集单元备用电源投入与告警记录。

8. 通信及规约一致性试验

（1）模拟与实际负荷、短路和单相接地现象相符的试验环境，将指示器接入模拟试验系统中，在规约检测系统中应能正确显示负荷监测数据、故障遥信状态、接地故障波形等信息，指示器应能正确执行相关指令，检测结果应符合以下要求。

1）采集单元与汇集单元之间通信机制。采集单元应能主动实时上送故障信息、故障电流。应支持实时故障、负荷等信息召测，同时并能根据工作电源情况定期或定时上送至汇集单元。采集单元应能实时采集、记录负荷数据，并定时发送信息给汇集单元（上送时间间隔可设，默认 15min），汇集单元在规定时间（2 倍采集单元上送时间间隔）内没有收到采集单元信息，即视为通信异常。采集单元与汇集单元通信故障时应能将报警信息上送至配电主站。采集单元与汇集单元通信时，同一套采集单元相互间不应存在通信干扰。

2）汇集单元与主站之间通信机制。可通过配电主站对汇集单元和采集单元进行参数设置。汇集单元应支持数据定时上送、负荷越限上送、重载上送和主动召测，上送时间间隔可设，默认为 15min。

3）通信距离及规约。架空线型采集单元与汇集单元通过无线双向通信，电缆型采集单元与汇集单元通过无线或光纤双向通信，采用无线双向通信时可视无遮挡通信距离应不低于 50m。采集单元与汇集单元之间如通过无线中继或路由方式通信，采集单元之间通信距离应不低于 500m。汇集单元与主站通过无线公网双向通信，通信规约应遵循《规约实施细则》（DL/T 634.5101—2002）、《规约实施细则》（DL/T 634.5104—2009）。

（2）指示器与模拟试验系统主站软件建立连接时间应小于 15min。

3.3.3 性能试验

1. 着火危险试验

架空导线悬挂安装的汇集单元外壳能承受 GB/T 5169.11 规定的 5 级着火危险，采集单元外壳能承受 GB/T 5169.11 规定的 5 级着火危险，对采集单元、悬挂安装的汇集单元的绝缘外壳进行着火危险试验，应满足以下要求。

（1）无火焰或灼热。

（2）火焰或灼热应在移开灼热丝之后的 30s 内熄灭。

（3）使用规定的包装绢纸铺底层时，绢纸不应起燃。

（4）试验结果符合以上结果之一，则认为此项试验合格。

2. 振动耐久试验

采集单元应能承受频率为 2～9Hz，振幅为 0.3mm 及频率为 9～500Hz，加速度为 $1m/s^2$ 的振动耐久。振动之后，不应发生损坏和零部件受振动脱落现象，试验结束后进行外观与结构检查、短路故障识别功能和接地故障识别功能试验，应能满足要求。

3. 自由跌落试验

采集单元和悬挂安装的汇集单元应能承受跌落高度为 1000mm，跌落次数为一次，角度为 0°的自由跌落，自由跌落之后，不应发生损坏和零部件受振动脱落现象，试验结束后进行外观与结构检查、短路故障识别功能和接地故障识别功能试验，应能满足要求。

4. 卡线结构的握力试验

（1）将采集单元和悬挂安装的汇集单元按照正常安装线路及位置进行安装，沿导线垂直方向施加不小于整体自重的 8 倍的力，不应产生位移。

（2）架空线型故障指示器在截面积为 50～240mm² 裸导线或绝缘导线，沿导线横向水平方向施加 50N 的力，不应产生位移。

（3）电缆型指示器在截面积为 70～400mm² 电缆，沿导线横向水平方向施加 30N 的力，不应产生位移。

5. 绝缘性能试验

（1）绝缘电阻试验。使用相应等级的绝缘电阻表测试电杆固定安装汇集单元电源回路与外壳之间的绝缘电阻，测试时间不小于 5s，汇集单元电源回路与外壳之间绝缘电阻≥5MΩ（额定绝缘电压 U_i≤60V）。

（2）绝缘强度试验。使用相应等级的绝缘强度耐压仪测试电杆固定安装汇集单元电源回路与外壳之间的绝缘强度，试验电压在 5s 内从 0V 逐渐升至相应电压，并保持 1min，试验过程中应无击穿闪络现象。

6. 高低温性能试验

（1）低温性能试验。将指示器置于低温试验箱中并处于正常工作状态，按表 3-4 中的参数设置，在要求温度下保温 4h，待指示器内部各元件达到热稳定后，进行短路故障识别功能和接地故障识别功能试验，应能满足要求。

表 3 - 4		高低温及湿热试验参数	
项目	高温	低温	交变湿热
参考标准	GB/T 2423.2—2008 试验 B	GB/T 2423.1—2008 试验 A	GB/T 2423.4—2008 试验 Db
严酷等级（温度）	（+45~+70)℃	（−5~−40)℃	户外或遮蔽场所：+55℃
严酷等级（湿度）	—	—	
循环次数（周期或时间）	4h	4h	（1、2、6）次

注：交变温热型式试验严酷等级不低于 2 周期。

（2）高温性能试验。将指示器置于高温试验箱中并处于正常工作状态，按表 3 - 4 中的参数设置，在要求温度下保温 4h，待指示器内部各元件达到热稳定后，进行短路故障识别功能和接地故障识别功能试验，应能满足要求。

（3）交变湿热试验。按 GB/T 2423.4 要求，将指示器置于湿热试验箱中，湿热试验箱按表 3 - 4 规定温度、湿度等参数运行，待湿热试验后在指示器恢复至常温状态下，进行外观、绝缘及短路故障识别功能和接地故障识别功能试验，应能满足要求。

7. 静电放电抗扰度试验

（1）导体材料试验方法。壳体导电且未说明漆膜为绝缘层时，以正负 8kV（标称值）对操作人员通常可能接触到的外壳、操作点及壳体紧固螺钉进行接触放电。正负极性放电各 10 次。单次放电间隔时间应大于 1s。应能承受 GB/T 17626.2 中规定的 4 级静电放电抗扰度能力，具体参数见表 3 - 5。在无故障报警状态下施加静电放电干扰，干扰施加过程中应能保持无故障报警状态；在故障报警状态下施加静电放电干扰，干扰施加过程中应能保持故障报警状态。

表 3 - 5		静电放电抗扰度参数	
试验项目	等级	接触放电（kV）	空气放电（kV）
静电放电抗扰度	4	8	15
	X	—	—

（2）绝缘材料试验方法。壳体为绝缘材料时，以±15kV（标称值）对装置的外壳进行空气放电。正负极性放电各 10 次。单次放电间隔时间应大于 1s。干扰过程中，应能承受 GB/T 17626.2 中规定的 4 级静电放电抗扰度能力，具体参数见表 3 - 5。在无故障报警状态下施加静电放电干扰，干扰施加过程中应能保持无故障报警状态；在故障报警状态下施加静电放电干扰，干扰施加过程中应能保持故障报警状态。

8. 射频电磁场辐射抗扰度试验

进行射频电磁场辐射抗扰度试验，试验等级 3 级和 4 级，试验场强为 10V/m 及 30V/m，具体参数见表 3-6 和表 3-7。

表 3-6   频率范围在 80～1000MHz 参数

试验项目	等级	试验场强（V/m）
射频电磁场辐射抗扰度	3	10
	X	特定

表 3-7   频率范围在 800～960MHz 以及 1.4～2.0 GHz 参数

试验项目	等级	试验场强（V/m）
射频电磁场辐射抗扰度	4	30
	X	特定

施加 80～1000MHz、1.4～2GHz 扫频射频电磁场辐射干扰过程中，应满足以下要求。

（1）在无故障报警状态下施加干扰，干扰施加过程中应能保持无故障报警状态。

（2）在故障报警状态下施加干扰，干扰施加过程中应能保持故障报警状态且复位正常。

（3）施加干扰的同时施加模拟短路（接地）故障电流，应能检测到故障电流的存在并能正确动作且复位正常。

9. 浪涌（冲击）抗扰度

进行浪涌（冲击）抗扰度试验，试验等级 4 级，施加参数如下。

（1）电压波形：$1.2/50\mu s$。

（2）开路试验电压峰值：4kV。

（3）极性：正负各 5 次。

（4）重复率：每分钟至少一次。

表 3-8   浪涌（冲击）抗扰度参数

开路试验电压（kV/±10％峰值）		
等级	共模	差模
4	4	2
X	待定	待定

施加浪涌（冲击）干扰过程中，干扰度参数见表3-8。应满足以下要求。

（1）在无故障报警状态下施加干扰，干扰施加过程中应能保持无故障报警状态。

（2）在故障报警状态下施加干扰，干扰施加过程中应能保持故障报警状态且复位正常。

（3）施加干扰的同时施加模拟短路（接地）故障电流，应能检测到故障电流的存在并能正确动作且复位正常。

10. 快速瞬变脉冲群抗扰度试验

进行快速瞬变脉冲群抗扰度试验，试验等级4级，施加参数如下。

（1）频率：50Hz。

（2）开路试验电压峰值：2kV。

（3）重复率：每分钟至少1次。

表3-9　　　　　　　　　　**快速瞬变脉冲群抗扰度参数**

等级	共模		差模	
	电压峰值/kV	重复频率/kHz	电压峰值/kV	重复频率/kHz
4	4	5或者100	2	5或者100
X	待定	待定	待定	待定

开路输出试验电压和脉冲的重复频率

施加快速瞬变脉冲群干扰过程中，参数见表3-9，应满足以下要求。

（1）在无故障报警状态下施加干扰，干扰施加过程中应能保持无故障报警状态。

（2）在故障报警状态下施加干扰，干扰施加过程中应能保持故障报警状态且复位正常。

（3）施加干扰的同时施加故障电流，应能检测到故障电流的存在并能正确动作且复位正常。

11. 工频磁场抗扰度试验

进行工频磁场抗扰度试验，试验等级5级，施加参数如下。

（1）电流波形：持续正弦波形。

（2）磁场参数：100A/m。

表 3-10 工频磁场抗扰度参数

等级	磁场强度（A/m）
5	100
X	特定

施加工频磁场抗扰度干扰过程中，参数见表 3-10。应满足以下要求。

（1）在无故障报警状态下施加干扰，干扰施加过程中应能保持无故障报警状态。

（2）在故障报警状态下施加干扰，干扰施加过程中应能保持故障报警状态且复位正常。

（3）施加干扰的同时施加故障电流，应能检测到故障电流的存在并能正确动作且复位正常。

12. 阻尼振荡磁场抗扰度试验

进行阻尼振荡磁场抗扰度试验，试验等级 5 级，施加参数如下。

（1）电流波形：衰减振荡波。

（2）磁场参数：100A/m。

表 3-11 阻尼振荡磁场抗扰度参数

等级	阻尼振荡磁场强度峰值（A/m）
5	100
X	特定

施加阻尼磁场抗扰度干扰过程中，参数见表 3-11。应满足以下要求。

（1）在无故障报警状态下施加干扰，干扰施加过程中应能保持无故障报警状态。

（2）在故障报警状态下施加干扰，干扰施加过程中应能保持故障报警状态且复位正常。

（3）施加干扰的同时施加故障电流，应能检测到故障电流的存在并能正确动作且复位正常。

3.3.4 安全性试验

1. 耐受短路电流冲击试验

将采集单元接入试验回路中，通以表××规定的短路冲击电流，采集单元外观应无破损、紧固件无松动现象，之后进行短路故障识别功能和接地故障识别功能试验，应能满足要求。

2. 盐雾试验

（1）按 GB/T2423.17 要求，将指示器置于盐雾腐蚀参数如表 3-12 所列的盐雾试验箱中并处于正常工作状态，待试验结束后，进行外观及短路故障识别功能和接地故障识别功能试验，应能满足要求。

（2）盐雾试验结束后，应开启水龙头对指示器外壳用水冲洗 5min，用蒸馏水或软化水漂净，再甩动或用吹风出去水珠，然后将指示器存放在正常使用条件下 2h，然后进行外观检查，指示器外观应无裂痕和损坏，采集单元卡扣及汇集单元外壳应无锈痕。

表 3-12 盐雾腐蚀参数

试验温度（℃）	氯化钠浓度（%）	溶液 pH 值	试验时间（h）
35±2	5±1	6.5~7.2	16、24、48、96、168、336、672

注：型式试验的试验周期不小于 96h。

3. 防护等级试验

按 GB 4208—2008 标准要求，将指示器放置在防尘、防水试验环境中进行防护等级测试，检测结果应符合以下要求。

（1）采集单元、悬挂安装的汇集单元防护等级不低于 IP67。

（2）电杆固定安装汇集单元防护等级不低于 IP55。

（3）电缆型故障指示器传感器部分不低于 IP65，显示单元不低于 IP30。

（4）有耐浸水能力的架空线型和户外电缆型故障指示器不低于 IP68。

（5）汇集单元外壳应安装防锈机械锁。

3.3.5 功率消耗试验

（1）模拟不满足采集单元主供电源正常工作的小线路负荷，后备电源应能自动投入，采集单元全功能工作。模拟不满足采集单元主供电源正常工作的小线路负荷，并断开采集单元的电池供电回路，超级电容在充满电时应可以独立维持全功能工作不小于 12h。

（2）模拟线路负荷电流不小于 5A 时，采集单元 TA 取电 5s 内应能满足全功能工作要求。模拟线路负荷电流低于 5A 且超级电容失去供电能力时，采集单元应至少能判断短路故障，定期采集负荷电流，并上传至汇集单元。

（3）测量采集单元非充电电池电压应不小于 DC3.6V，断开采集单元的电池供电回路，测量采集单元在电池单独供电时，最小工作电流应不大于 $100\mu A$。

（4）合上汇集单元工作电源，去掉汇集单元通信卡，测量得到的汇集单元整机功耗（在线，不通信）不大于 0.2V·A。

3.3.6 电源试验

1. 太阳能板额定输出电压试验

放置在足够厂家规定强度的光照条件下，测量太阳能板额定输出电压，太阳能板额定输出电压应不低于 DC15V。

2. 汇集单元电池开口电压试验

远传型故障指示器的汇集单元锂电池充满电后，断开电源回路，用万用表测量电池电极两端开口电压，检测结果应满足以下要求。

（1）太阳能板额定输出电压不低于 DC15V。

（2）架空导线悬挂安装的汇集单元电池额定电压为 DC 3.6V。

（3）电杆固定安装的汇集单元电池额定电压为 DC12V。

3. 汇集单元电池容量试验

从远传型故障指示器的汇集单元中拆出电池组，并将电池或电池组置于防爆箱中，锂电池检测系统输出电流线与电池组线路串联，锂电池检测系统输出电压线并在电池组线路上。容量测试应按以下顺序依次测试：

（1）充电测试。电池或电池组应按照电池制造商规定的方法进行充电。若制造商无要求，则以限压恒流方式充电，充电电流应小于电池允许的最大充电电流。当充电电流小于或等于电池充电的截止电流时，认为充电完全充满。充满电后，搁置 10min。

（2）放电测试。电池或电池组依照电池制造商规定的电流进行恒流放电至放电截止电压。若制造商无要求，则以限压恒流方式放电，放电电流应小于电池允许的最大放电电流。当放电电压小于或等于电池放电的截止电压时，认为放电完全放完。放电时所提供的能量即为电池的实际能量。

电池实际放电容量应大于相关规范中规定的容量；充满电后，电池的开口电压应大于相关规范规定的电压。

3.4 测试方案及报告编制

3.4.1 试验方案编制

开始工作前，都应准备编制相关的试验方案。各检测机构试验方案编制即根据本身的检测能力和检测对象，制定差异化的检测方案。检测项目不局限于各类规范，可来源于标准或招标技术条件，也可将一类检测项目分拆，如稳定性试验即来源于早期规范中的全寿命试验，但检测次数减少；或将多个检测项目融合检测，如文中的遥测精度试验，即将通信试验和电流采样精度试验融合。试验方案包括以下内容。

（1）试验对象。详细描述被测故障指示器制造商、型号、编号、故障判据、使用仪器的有效期、故障类型、故障点位置等。

（2）测试项目简表。简单描述此次测试涉及的试验项目和试验顺序。

（3）安全措施。全面、仔细排查试验现场可能存在的安全隐患，并制定安全防护措施。

（4）试验方法。详细描述各项项目试验方法，包括接线、测量点、仪器操作、记录等。

（5）测试报告。编制测试报告模板。

3.4.2 试验报告编制

实验室检测试验报告应包括概述、检测日期、检测地点、检测条件、检测性质、检测主要依据、检测主要仪器仪表、被检样机基本情况、检测项目和结论十部分内容。编制方法见节 2.4.3。其中，检测项目是试验报告的主体，应细化本章 3.4 节中所有的试验项目，明确每一项要求的范围，并流出原始记录、误差计算和结论判定的位置。结论部分是对整个样机所有检测项目的检测结果进行汇总。实验室检测试验涉及项目较多，一一介绍篇幅较长，本章截取部分内容。

表 3 - 13   部分现场试验报告

委托单位		项目名称	
样品名称		生产厂家	
送检日期		检测日期	
试验环境		试验地点	
检测依据			

表 3 - 14   部分现场试验报告

汇集单元型号：	汇集单元出厂编号：
采集单元型号：	采集单元出厂编号：
复位时间：可设	
故障判据：	

表 3 - 15　　　　　　　　　　　　　　　部分现场试验报告

序号	汇集单元编号	采集单元编号	要求范围	短路故障报警	短路信号远传	复位	结论
			施加正常负荷电流，当回路中的电流值超过设定故障电流报警动作值并满足所有其他故障判据条件时，指示器应能发出短路故障报警，并在规定时间或线路恢复正常后自动复位				

表 3 - 16　　　　　　　　　　　　　　　部分现场试验报告

序号	汇集单元编号	采集单元编号	要求范围	短路故障报警	短路信号远传	复位	结论
			施加正常负荷电流，当回路中的电流值变化超过设定的故障电流报警动作值，在大于规定的动作延时后又下降为零，停电 0.2s 后，重合闸成功，电流恢复到故障前的负荷水平时，指示器应该正确动作				

表 3 - 17　　　　　　　　　　　　　　　部分现场试验报告

序号	变化量		汇集单元编号			要求范围	结论
			采集单元编号				
1	105A	标准值（A）					
2		实际值（A）					
3		误差（%）					
4	220A	标准值（A）					
5		实际值（A）					
6		误差（%）					
7	335A	标准值（A）					
8		实际值（A）					
9		误差（%）					
10	450A	标准值（A）					
11		实际值（A）					
12		误差（%）					

3.5 试验典型案例及问题分析

3.5.1 典型案例

[**案例1**] 如图3-12所示，某公司一条线路发生两相短路故障，从变电站到故障点安装两套架空型故障指示器，两套故障指示器间存在一保护开关。短路故障时，保护动作，开关跳闸，此时两套故障指示器均动作。问A、B故障指示器是否存在误动情况。

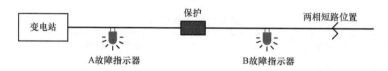

图3-12 线路中存在保护时故障指示器的动作情况

[**案例2**] 一只故障指示器出现负荷电流误差偏大，检测过程中发现，一只采集单元其中一个点误差较大，但在其余点检测结果满足试验要求。同时，各点间误差未呈线性变化具体见表3-18所示。

表3-18 遥测精度数据

标准值（A）	119.87	239.17	359.09	479.91
实际值（A）	121.3	240.8	353.7	499.6
误差（%）	1.19	0.68	−1.50	4.10

[**案例3**] 某故障指示器的故障特征为主站可检测到故障指示器在线，但电流采样值一直为0值。

在现场通过对应供应商后台软件读取的电流值也为0值，判定设备本身存在问题，因通过主站观测到故障指示器实时在线，判定汇集单元正常，采集单元存在问题。

[**案例4**] 某公司一套故障指示器出现频繁告警，经分析，其故障特征为主站经常接收到单相接地信息，但现场并未发现有接地，且该线路不存在频繁停电情况。

通过故障指示器测试平台模拟短路和接地故障后，试验主站及厂家后台软件均检测到故障信号，但主站未接收到故障信号，因此判定为主站测点表或模型问题。

[**案例 5**] 某公司送检的两套故障指示器出现频繁掉线，掉线时间不规律，但均集中在夜晚的现象。

表 3-19   **故障指示器掉线次数**

时间	2016.03.17	2016.03.18	2016.03.19	2016.03.20
故障指示器 1	4	9	6	4
故障指示器 2	7	6	7	8

采用外部供电仪器给汇集单元供电，将故障指示器接入生产厂家后台及试验主站，发现故障指示器两天运行正常。将汇集单元的电池完全充满后，电池电压检测正常。同时观察铭牌，电池容量符合要求。因此判定为电池外因素导致充电不足或功耗过大。

[**案例 6**] 某公司送检的一套故障指示器出现频繁掉线，委托供应商核查，该故障指示器频繁掉线，掉线时间主要集中在 20:00、21:00 时间段，上线时间主要集中在凌晨 4:00、5:00 点。

该套设备上下线时间较有规律，应属于电源模块问题，拆卸后检查，发现电源模块与 CPU 间的电源线接反，正常连接后，频繁掉线情况消失。

3.5.2 问题分析

[案例 1] 中，该案例与保护动作时间有关。短路故障时，根据保护设置的要求，保护动作的时间较短，导致故障电流的持续时间较短。故障指示器的短路判据分辨率一般大于 20ms。由于保护开关动作，导致线路电流变化无法满足故障指示器的动作要求，因此该线路的动作结果应为 A 故障指示器指示错误，发生误动现象，B 故障指示器指示正确。因此可以总结为：短路故障时故障指示器应动作的范围为变电站出口到短路点，若变电站出口到短路点间有保护跳闸，则短路故障时应动作的范围为保护点到短路点。但若保护设置的时间过长，超过故障指示器的短路判据设置时间，则故障指示器将动作。故障指示器的短路判据分辨率一般大于 20ms。

[案例 2] 中，案例分析：该案例与采集单元 TA 的线性程度有关。采集单元电流测量范围为 0~600A，绝大多数 TA 无法保证在此范围的线性关系，因此采集单元的校准一般采用分段校准。但部分厂家的检测平台输出电流稳定性较弱，导致各段校准结果偏差较大，难以保证采集单元全范围测量精度和线性特征。

遥测精度偏差大。主要包括以下原因。

（1）生产厂家未认真对待遥测精度指标，校准工作不够细致，导致精度偏差较大。

（2）采集单元结构设计不合理。部分采集单元设计为半闭合结构，根本上导致其遥测精度偏大。

（3）TA校准点设定不合理。采集单元电流测量范围为0～600A，绝大多数TA无法保证在此范围的线性关系，因此采集单元的校准一般采用分段校准。但部分采集单元仅设定一个校准点，难以保证采集单元全范围测量精度。

（4）电流精度校准平台设计不合理。校准故障指示器的平台至少须具备0～600A的电流输出能力，大部分厂家校准平台不具备该输出能力，一般通过增加电流回路匝数来放大输出电流的倍数。该方法对电流回路绕制工艺要求高，且回路间的磁场容易相互干扰，造成同一回路不同位置的电流极有可能不同，根源上导致故障指示器无法准确校准。

［案例3］中，经供应商技术员核对，确认为采集单元与汇集单元之间的ID配置错误。

［案例4］中，经主站技术员核对，确认为汇集单元与主站间的点表配置错误，误将汇集单元上下线地址配置为单相接地地址。频繁告警原因解决。

［案例5］中，观察后发现，汇集单元的电池处于无电状态。采用外部供电仪器给汇集单元供电，将故障指示器接入厂家后台及试验主站，发现故障指示器两天运行正常，未发现任何掉线记录，因此问题集中在汇集单元电池上。进一步分析，将汇集单元的电池完全充满后，电池电压检测正常，工作两天后，电池电压未发生变化，同时观察铭牌，电池容量符合要求，因此判定为电池外因素导致充电不足或功耗过大。在此情况下，该案例问题导向为电池问题，更具体的原因为下面任一因素或多个因素同时作用产生的。

（1）安装地处于弱信号区，通信频繁中断将导致功耗大大增加。

（2）安装点的太阳能板位置未校准好，或被树木及建筑物阻挡，导致充电功率不足。

（3）太阳能板功率过低，导致无法给电池供电。

［案例6］中，部分供应商在设计时，将太阳能板、电源模块与CPU电源线并联，导当电源模块接反时，电源模块无法给CPU供电，只能由太阳能板供电，在日照条件较好时，故障指示器处于在线状态，日照条件较差时，由于缺乏电源模块供电，太阳能板功率不足，导致出现频繁掉线情况，且掉线时间较为固定。

第 4 章

配电自动化主站测试

　　配电自动化系统主站，主要实现配电网数据采集与监控等基本功能和分析应用等扩展功能，为配网调度和配电生产服务。配电自动化系统主站主要由计算机硬件、操作系统、支撑平台软件和配电网应用软件组成。配电自动化系统主站按规模分为以下三类：配网实时信息量在 10 万点以下的建设小型主站；配网实时信息量在 10 万～50 万点的建设中型主站；配网实时信息量在 50 万点以上的建设大型主站。不同类型主站的硬件配置不尽相同，功能配置也不尽相同。

　　配电自动化主站测试包括试验室检测和现场检测。试验室测试包括单元测试、集成测试和系统测试；现场测试包括工程测试、实用化测试和运行测试等。不同阶段的测试涉及的测试系统、测试项目、测试方法等各有不同。

4.1　测　试　系　统

4.1.1　测试系统组成及接入

　　主站的测试系统如图 4-1 所示。主站系统需在基本的硬件平台和软件平台基础上正常运行。硬件平台包括稳定安全的电源系统、各型服务器、各类工作站、交换机等网络设备、正反向物理隔离装置等。软件平台包括操作系统软件、数据库软件、SCADA 应用软件、DA 应用软件等。

　　测试系统由主站层、数据采集交互层、通信组网层、终端接入层以及测试工作站五个部分组成，主要用于开展主站系统功能指标测试和性能指标测试，实现对主站全过程、全方位技术监督和技术支持。压力测试工作站由前置交换机接入前置服务器，其余四个测试工作站由骨干网交换机直接接入主站各应用服务器。

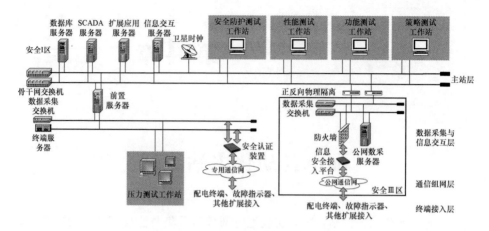

图 4-1 主站系统测试平台示意图

4.1.2 软硬件配置及要求

测试系统硬件部分由使用 5 台工作站、两个交换机及附属设备搭建双冗余网络系统组成。其中：第一台工作站分别用于模拟子站与终端机群，实现对主站的压力测试；第二台工作站用于模拟标准加密终端，实现对主站纵向加密功能测试；第三台工作站用于读取主站各应用服务器的 CPU、内存和硬盘容量等运行性能指标，实现主站系统性能测试；第四台工作站用于检测主站数据采集、数据处理、远方控制等功能，实现主站系统基本功能测试；第五台工作站用于仿真配网各种典型故障信号，实现主站系统 DA 策略合理性测试。每个工作站应配置双网卡，每个网卡捆绑 20 个 IP，实现每台 PC 工作站仿真 20 台配电终端。

对主站系统进行测试，往往需运行多台配电终端配合。为了更好地完成主站系统特定功能的测试，需建立站端仿真环境。一种有效的方法是采用工作站来仿真配电自动化的 FTU、DTU 及配电子站等站端系统的运行。测试系统应能建立典型的架空线路或电缆线路模型，并配置测试案例，通过仿真终端实现遥测、遥信、遥控、SOE、对时等功能，以及基于配电网络接线图的故障模拟功能。主站测试系统软件界面如图 4-2 所示。

配电终端仿真环境具有以下功能。

（1）通信方式：测试可选择仿真终端采用标准串行通信或基于 TCP/IP 的网络通信两种方式。

（2）数据发生器：测试系统可同时模拟 40000 个以上遥测、5000 个以上电

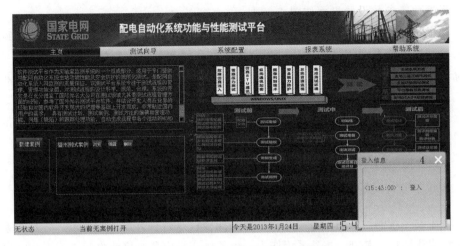

图 4 - 2　主站测试系统软件界面示意图

量、50000 个以上遥信数据并且可扩充，每个分站的数据量除受系统总量限制外不受其他限制。测试软件可以产生随机遥测数据、遥信数据、电量数据，数据参数均可预先设置和修改。

（3）模拟操作：测试系统可以在线设置需变位的一个或者多个遥信，人工模拟遥信变位，同时形成相应的变位事件（SOE）；可以在线模拟事故变位；同时变位的遥信数目可达 100 个；并且可以将设置结果保存，供下次模拟使用。测试系统可以在线模拟遥信抖动，即在很短的时间（毫秒级）内生成同一遥信的多次（最多可达 20 次）变位，且相邻前后两次的状态相反；同时变位的遥信数目可达 100 个，并且可将设置结果保存起来，供下次模拟使用。测试系统在接收到主站发来的遥控设置命令后，根据被控遥信的状态和路号作出判断，给主站发送正确或错误反校信息；在接收到主站发来的遥控执行命令后，将被控遥信置反，发送变位遥信状态和相应的事件。

（4）规约处理：系统可将数据生成器生成的各种数据及各种模拟操作，按各种规约形成报文和主站进行通信。

仿真终端 IP、网络端口、遥信参数、

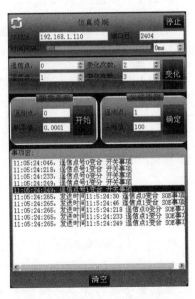

图 4 - 3　仿真终端参数设置示意图

遥测参数等参数设置界面如图 4-3 所示。

主站测试会用到部分专用测试软件，该测试软件是在被测试的系统基础上，利用系统平台提供的远程过程调用工具和函数接口编制的一套针对被测系统的特定功能的测试软件，如数据库操作测试程序、前置数据监视工具、分布式文件管理测试程序、平台监视工具、控制测试程序等。主站测试还会用到部分通用软件性能测试工具，以提高软件的测试质量，如网络性能测试工具、漏洞扫描等工具，用来测试网络在不同运行工况下的性能指标的变化。

4.2　测试项目及方法

主站系统测试的目的主要是验证各功能模块是否符合设计的要求，并且为系统集成测试打下基础。主站系统作为一个整体，是由各个模块之间协同工作共同组成的一个分布式应用系统。主站系统的单元测试包括支撑平台、SCADA 系统、配电应用软件等。配电自动化主站功能及性能测试系统通过构建完整配电自动化主站检测平台，实现对各种配电自动化主站功能、性能的全面测试评价。

主站系统测试项目主要包括平台性能指标测试、应用功能指标测试、三遥正确性测试、平台服务功能测试项目、配电 SCADA 功能测试和 DA 策略合理性测试。

4.2.1　平台性能测试

主站系统平台性能指标测试项目包括主站冗余性、计算机资源负载率、Ⅰ和Ⅲ区数据同步等。各项测试指标见表 4-1。

表 4-1　　　　　　　主站系统平台性能指标测试项目

序号	测试项目	测试标准
1	冗余性	(1) 热备切换时间≤20s。 (2) 冷备切换时间≤5min
2	资源负载	(1) CPU 峰值负载率≤50%。 (2) 备用空间（根区）≥20%（或是 10G）。 (3) 系统主局域网在任意 5min 内，平均负载率小于 20%
3	Ⅰ、Ⅲ区数据同步	(1) 信息跨越正向物理隔离时的数据传输时延＜3s。 (2) 信息跨越反向物理隔离时的数据传输时延＜20s

主站系统平台冗余性测试方法为：选择支持系统运行的关键冗余服务模块，如前置采集服务、实时数据库服务、数据库管理服务、DA 计算服务等。

在提供的主辅切换界面上进行热备用切换操作，观察冗余服务模块的切换耗时。将冗余服务的辅模块（进程）退出运行，然后将主模块（进程）也退出运行，快速启动冗余服务的辅模块，开始计时，当服务恢复正常时，为冷备用切换耗时。

平台资源负载测试方法为：向被测系统接入大量仿真配电自动化终端，这些仿真终端上送实时数据；在被测试系统上需要监测的节点主机上部署系统运行资源实时监测软件，通过该软件对各节点主机的 CPU 峰值负载率、备用空间等项目进行监测。

Ⅰ、Ⅲ区数据同步测试方法为：随机选择一站所的备用开关，手动置入"合位"，记录置位时刻，同时在 WEB 发布上查看该开关的位置变化，记录开关变位时刻。通过外网前置机打开 Syskeeper‐2000 网络安全隔离装置的文件传输软件，手动生成一个文本数据文件，记录该文本数据文件由三区前置机通过网络安全装置发送到Ⅰ区前置网络的时间。

4.2.2 应用功能测试

主站系统应用功能指标测试项目包括实时数据变化更新时延、主站遥控输出时延、画面调用响应时间、网络拓扑着色时延、SOE 等终端事项信息时标精度等基本功能指标测试，以及信息交互接口信息吞吐效率、信息交互接口并发连接数等扩展功能指标测试。各项测试指标见表 4‐2。

表 4‐2　　　　　　　　　主站系统应用功能指标测试项目

序号	测试项目	测试标准
1	基本功能	（1）实时数据变化更新时延≤3s。 （2）主站遥控输出时延≤2s。 （3）SOE 等终端事项信息时标精度≤10ms。 （4）85％画面调用响应时间≤3s。 （5）事故推画面响应时间≤10s。 （6）单次网络拓扑着色时延≤2s
2	扩展功能	（1）信息交互接口信息吞吐效率≥20KB/s。 （2）信息交互接口并发连接数≥5 个

主站系统各应用功能测试方法如下。

（1）通过仿真模拟实验平台的配电终端仿真，传送 1s 级别变化遥测，在被测系统的人机交互界面观察实时数据变化更新时延是否满足要求。

（2）通过在被测系统的人机交互界面进行遥控操作，仿真模拟实验平台的配电终端仿真配合遥控应答测试，检测主站遥控输出时延是否满足要求。

（3）仿真模拟实验平台的配电终端仿真若干遥信变位，比较配电终端仿真发送 SOE 时间与被测系统生成的 SOE 事项时间。

（4）统计被测系统人机交互界面调用画面的时间，计算响应时间是否满足要求。

（5）由仿真模拟实验平台的配电终端仿真模拟事故信号发送，触发被测系统的事故推画面，使用秒表进行计时，检测系统响应时间是否达标。

（6）在被测系统的人机交互界面上，通过置入遥信，改变系统拓扑，查看单次网络拓扑着色时延是否满足要求。

（7）由 GIS 系统产生一个异动模型，由信息交互接口向主站系统传输，记录模型传输耗时，计算接口信息吞吐效率；GIS 系统、95598 系统、用电信息采集系统等 5 个以上系统同时向主站系统发布数据，信息交互接口应能有序处理，不造成数据拥堵。

4.2.3　三遥正确性测试

三遥正确性测试项目包括模拟量测试、状态量测试以及遥控正确性测试。各项测试指标见表 4 - 3。

表 4 - 3　　　　　　　　　主站系统三遥正确性测试项目

序号	测试项目	测试标准
1	模拟量测试	遥测综合误差≤1.5%
2	状态量测试	遥信动作正确率≥99%
3	遥控测试	遥控正确率≥99.99%

主站系统模拟量测试方法为：随机选择馈线上的站所终端或馈线终端若干台，采用三相标准功率源向标准表及终端各回路注入电压和电流信号，通常加入设计额定值的 1/2、额定值、额定值的 1.2 倍，分别记录标准表和主站系统测试的电压、电流、功率、功率因素和频率等模拟量，比对计算遥测综合误差是否满足要求。

主站系统状态量测试方法为：随机选择馈线上的站所终端或馈线终端若干台，采用遥信变位模拟装置向终端各状态量采集回路注入变位信号，查看主站系统是否准确及时收到相应的变位信号；采用继保测试仪产生三相过流的故障信号，查看主站系统是否准确及时收到相应的过流信号。

主站系统遥控功能测试方法为：随机选择馈线上的站所终端或馈线终端若

干台，将终端遥控的控制电缆拔出（有条件的区域也可以直接控到一次设备），将遥控模拟执行装置连接到终端各遥控回路，由主站系统下发遥控指令，查看主站系统是否收到遥控反校成功和遥控执行成功信号。

4.2.4 平台服务功能测试

平台服务功能测试项目包括数据库管理功能测试、数据备份与恢复功能测试、系统建模功能测试、多态多应用功能测试、报表管理功能测试、人机界面测试、WEB 发布功能测试、告警服务功能测试和权限管理功能测试等。测试细项详见表 4-4。

表 4-4　　　　　　　　　主站系统平台服务功能测试项目

序号		测试项目
1	数据库管理	数据库维护工具
		数据库同步
		多数据集
		离线文件保存
		带时标的实时数据处理
2	数据备份与恢复	全数据备份
		模型数据备份
		历史数据备份
		定时自动备份
		全库恢复
		模型数据恢复
		历史数据恢复
3	系统建模	图模一体化网络建模工具
		外部系统信息导入建模工具
4	多态多应用	具备实时态、研究态、未来态等应用场景
		各态下可灵活配置相关应用
		多态之间可相互切换
5	权限管理	层次权限管理
		权限绑定
		权限配置

序号		测试项目
6	告警服务	语音动作
		告警分流
		告警定义
		画面调用
		告警信息存储、打印
7	报表管理	支持实时监测数据及其他应用数据
		报表设置、生成、修改、浏览、打印
		按班、日、月、季、年生成各种类型报表
		定时统计生成报表
8	人机界面	界面操作
		图形显示
		交互操作画面
		数据设置、过滤、闭锁
		多屏显示、图形多窗口
		无级缩放、漫游、拖拽、分层分级显示
		设备快速查询和定位
9	系统运行状态管理	节点状态监视
		软硬件功能管理
		状态异常报警
		在线、离线诊断工具
		冗余管理、应用管理
		网络管理
		按分区、厂家、终端功能、终端类型等分别统计在线率
		通道流量预警功能
		在线率历史分类统计分析功能
10	WEB发布	含图形的网上发布
		报表浏览
		权限限制

平台服务功能为测评项目，主要通过测评人员在主站系统平台上进行相应操作体验以获取服务的测评感知。平台服务功能测评包括数据测评、系统建模

功能测评、多态多应用功能测评、权限管理测评、报表管理测评、人机界面测评和系统运行状态管理测评七个部分。

数据测评通过查看数据是否有维护工具，是否提供不同数据库间的同步菜单指令，是否支持多数据库，是否具有备份菜单和备份参数设置等。系统建模测评则通过在 GIS 系统建立一个开关模型，然后导入主站系统，查看图形和模型是否导入准确，系统导入工具和建模工具是否易于操作。多态多应用功能测评则通过测评人员操作进入相应的实时态、研究态和未来态，在人机交互界面提供各态切换的快捷操作菜单，在研究态和未来态可仿真各故障信号，可配置各种应用，观察各态下主站系统功能的可用性。权限管理测评则通过测评人员设置新用户，绑定该用户权限，并进入该用户系统进行系统操作，观察用户是否建立、权限是否受到约束。报表管理测评则通过测评人员创建报表、查看各类报表等操作，观察系统报表管理服务是否完善。WEB 发布测评则通过测评人员查看 WEB 发布平台的信息是否及时更新，发布信息是否完整。人机界面测评则通过测评人员进行界面操作，观察图形显示是否协调美观，图形是否可无级缩放、漫游、拖拽和分层分级显示，是否支持多屏显示和图形多窗口，是否可快速查询和定位设备等。系统运行状态管理测评是通过系统自带的资源监测软件来完成的，通过该软件可监视系统节点状态是否在线，状态是否异常，终端是否掉线，网络是否畅通及通道流量是否异常等情况。

4.2.5 配电 SCADA 功能测试

配电 SCADA 功能测试项目包括数据采集功能测试、数据记录功能测试、操作与控制功能测试、动态网络拓扑着色功能测试和系统对时功能测试等。测试细项详见表 4-5。

表 4-5　　　　　　　主站系统配电 SCADA 功能测试项目

序号		测试项目
1	数据采集	满足配电网实时监控需要
		各类数据的采集和交换
		广域分布式数据采集
		大数据量采集
		支持多种通信规约
		支持多种通信方式
		错误检测功能
		通信通道运行工况监视、统计、报警和管理
		符合国家电力监管委员会电力二次系统安全防护规定

序号		测试项目
2	数据记录	事件顺序记录（SOE）
		周期采样
3	操作与控制	人工置数
		标识牌操作
		闭锁和解锁操作
		远方控制与调节
4	动态网络拓扑着色	电网运行状态着色
		供电范围及供电路径着色
		负荷转供着色
		故障指示着色
5	系统时钟和对时	北斗或 GPS 时钟对时
		终端对时

主站系统数据采集功能测评方法为：进入人机交互界面，查看各站所终端或馈线终端是否实时上送采集数据，该部分可配合现场终端进行测试。使用标准源向现场终端注入电压和电流信号，查看系统是否采集数据并在主站数据库和界面上及时更新。进入采集实时数据库，查看数据是否包括电压、电流、有功、无功、功率因数、频率、开关分合位置等数据。查看系统是否支持或存在光纤通信、无线通信和载波通信，系统是否支持 104、101 及串行口等通信规约。查看系统是否安装正反向物理隔离装置，是否具备对遥控进行纵向加密功能等。

数据记录测评则通过测评人员重点查看事件顺序记录（SOE）和采样周期。核对事件顺序记录（SOE）和普通非 SOE 事项记录，检查两则是否匹配。查看开关的遥控记录，核对其对应的 SOE 记录。查看周期采样设置是否合理，是否可更改。

操作与控制测评则通过测评人员进行相应操作完成测评。对于不良数据干扰系统正常运行的情形，系统应支持人工置数，并在缺陷处理结束后解除人工置入的数据。另外，系统还应在人机交互界面支持标识牌操作、闭锁和解锁操作等操作，用以配合现场一二次设备的检修作业。另外，远方控制与调节测评在前文遥控测试中已经详细说明，这里不再重复介绍。

动态网络拓扑着色测试可通过主站测试软件和主站系统均建立相应的测试网络，主站测试软件通过前置交换机注入信号，主站系统应能正确响应。通过改变测试系统的运行状态，查看主站是否进行电网运行状态着色；改变测试系统的停电区域，查看主站是否分析供电范围并进行供电路径着色；注入故障信号，查看主站是否对故障进行指示着色，对转供负荷进行着色。

对时功能测评则是通过测评人员查看主站是否配置北斗或 GPS 时钟，主站是否有对时功能，查看其自动对时周期，查看其 SOE 时标是否与系统的时间相符，另外还可以在现场随机抽检终端，查看其时标是否与主站系统一致。

4.2.6 DA 策略性测试

DA 策略测试项目包括故障定位准确性测试、故障隔离措施正确性测试、负荷转移合理性测试，单个馈线故障处理耗时测试、系统并发处理馈线故障个数等。各项测试指标见表 4-6。

表 4-6 主站系统 DA 策略测试项目

序号	测试项目	
1	故障定准确性	过流信号、开关变位信号采集
		故障区域准确判定
2	故障隔离措施正确性	开关动作方案合理
		故障隔离控制方式可选
3	负荷转移合理性	满足安全约束
		负荷转移控制方式可选
		故障处理信息可查
4	DA 性能	系统并发处理馈线故障个数≥10 个
		DA 启动后单个馈线故障处理耗时≤5s

主站系统和故障处理策略测试软件配合建立待测典型拓扑网络，测试软件通过主站前置交换机向主站系统注入网络运行参数。测试软件可仿真多套站所终端或馈线终端，实时上送遥测数据和遥信数据。DA 策略性测试部分，测试软件通过上送过流信号和开关变位信号实现各类典型故障模拟，主要有瞬时性故障、负荷侧故障、母线故障、线路故障、多重故障、开关拒动、信号缺失等。故障定准确性测试方面，当测试软件产生过流和开关变位信号后，主站系统应采集到变量，并据此准确判定故障发生的区域。对于故障隔离措施测试方面，当主站准确判定了故障区域后，应推导出故障区域两侧开关分闸隔离措施，并可以提示调度员选择手动遥控操作或系统自动执行，隔离措施不应扩大停电范围。故障隔离后，系统应能给出负荷转移的合理性建议，主要包括故障

区域后方的负荷转供及故障区域前端的负荷恢复供电的开关动作方案，该方案应满足安全约束，不应导致馈线或开关等设备过载。

DA 性能方面，通过故障处理策略测试软件模拟单个馈线故障。从主站前置服务器接收到故障信号开始，到 DA 策略完整推导给调度员的耗时不应超过5s。在系统并发处理馈线故障个数方面，通过主站系统和测试软件配合建立待测大型拓扑网络，测试软件选定 10 条馈线模拟同时发生线路永久性三相短路故障。主站系统应能快速并发处理，分别准确定位这 10 条馈线故障发生区域，推导出合理的故障隔离方案和负荷转供措施。

4.3　测试分类及规则

检测种类分为实验室检测和现场检测。实验室检测包括单元测试、集成测试、系统测试。现场检测按项目可分为功能测试和性能测试，按过程可分为工程验收测试、实用化验收测试和运行测试。不同检测种类的试验项目、试验条件、试验方法、注意事项等各有不同。

4.3.1　实验室检测

配电自动化主站实验室检测主要针对主站各单元的设计开发情况、各软件模块的集成情况和系统整体功能与性能情况进行测试。针对主站这样的大型软件系统，开展实验室检测方法有黑盒测试、白盒测试、基于模型或规范的测试、接口测试等；常用的测试模型有瀑布测试模型、V 测试模型、快速原型模型、螺旋测试以及敏捷测试等。配电自动化主站实验室检测主要应用 V 测试模型，结合黑盒测试方法和白盒测试方法对主站的单元、接口和系统进行过程测试。下面简要介绍本书涉及的黑盒测试方法、白盒测试方法和 V 测试模型。

黑盒测试把主站看作一个不能打开的黑盒子，不考虑内部逻辑结构和内部特征的情况下，测试其功能。测试要在软件的接口处进行，它只检查程序功能是否按照规格说明书的规定正常使用，性能是否满足需求。

白盒测试是围绕主站源代码进行的测试和评价，一般包括静态测试和动态测试。静态测试通过人工的模拟技术对软件进行分析和测试，不要求程序实际执行；动态测试是指输入一组预先按照一定测试准则设计的实例数据驱动运行程序，检查主站功能是否符合设计要求。

V 测试模型反映了测试活动与分析和设计的关系，如图 4-4 所示。该模型描述了基本的开发过程和测试行为，非常明确地表明了测试工程中存在的不同侧重点，并且清楚地描述了这些测试阶段和开发过程期间的各阶段的对应关系。V 测试模型由于其质量保证活动和项目开发活动同时展开，不仅可以应用到软件开发商的内部质量控制，同时也可以提供软件使用者实现外部质量控制，因此非常适合配电自动化主站系统这样的大型软件系统实验室检测。

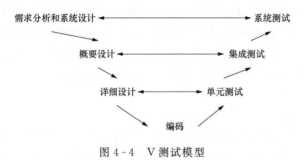

图 4-4　V 测试模型

　　根据 V 测试模型的测试过程，针对配电自动化主站产品软件开发过程的需求分析、系统设计和具体编程的不同阶段，实验室测试内容包括单元测试、集成测试和系统测试。

　　1. 单元测试

　　单元测试的目的是检验软件模块的设计开发情况，主要由编程人员和测试人员通过开发测试环境进行测试。按照设定好的最小测试单元进行按单元测试，主要是测试程序代码，为的是确保各单元模块被正确地编译，单元的划分按不同的软件有所不同，如具体到模块的测试，也有具体到类、函数的测试等。

　　主站系统作为一个整体，是由各个模块之间协同工作共同组成一个分布式应用系统，因此，在具体的模块测试中，总是先确定被测试模块的上游模块和下游模块，并假定它的上下游模块都是正确的，依据设计说明书和测试文档，采用黑盒法结合白黑法进行该模块的功能和性能的测试。功能模块间相关联的测试放在系统测试中进行。为了避免各个模块错误的干扰，其下游模块应尽可能简洁，尽可能直接验证本模块的正确性。

　　主站系统的单元测试包括支撑平台、SCADA 系统、配电应用软件等。

　　2. 集成测试

　　集成测试的目的是检验各个子模块的集成情况，重点是测试子模块的接口功能，使用子模块的测试环境进行测试。经过了单元测试后，将各单元组合成完整的体系，主要测试各模块间组合后的功能实现情况，以及模块接口连接的成功与否、数据传递的正确性等。集成测试是软件系统集成过程中所进行的测试。

　　主站系统的集成测试主要考察系统的整体性能指标，集成测试包括主站系统的性能指标测试、雪崩测试、稳定性测试、可靠性测试、安全性测试和可维护性测试。在性能指标测试中除了考察主站系统的时间响应指标和容量指标外，还对系统的负荷率和软件的编程质量进行了考核。雪崩测试的主要目的是考察系统应对突发事件时的处理能力。可靠性测试的目的是考察系统的容错能力，特别是网络、数据库和采集系统的备份。安全性测试考察系统的抗病毒能力，防入侵和安全权限以及灾难恢复的能力。稳定性测试和可维护性测试考察系统的稳定运行和可维护能力。测试环境由配电终端仿真环境和相应的性能测试软件组成。

3. 系统测试

经过了单元测试和集成测试后，要把软件系统搭建起来，按照软件规格说明书中所要求，测试软件功能等是否和用户需求相符合，在系统中运行是否存在漏洞等。主站系统测试主要围绕平台开展功能指标测试和性能指标测试，确保平台完整、功能完善以及性能完好。配电自动化主站系统检测需要建立特定的测试环境，包括配置软硬件、准备测试工具等，如压力测试工作站、故障注入仿真软件、资源监视软件等。

功能检测主要围绕数据采集功能、数据处理功能、控制与操作功能、拓扑着色功能、防务闭锁功能、事故反演功能、信息分区及分流功能、系统对时能和馈线故障处理功能等开展。性能测试主要围绕系统实时性、系统准确度、故障处理响应能力和系统资源测评等开展。测试项目主要包括平台性能指标测试、应用功能指标测试、三遥正确性测试、平台服务功能测试项目、配电SCADA 功能测试和 DA 策略合理性测试。系统测试项目及方法详见本章4.4 节。

4.3.2 现场检测

配电自动化主站现场测试按过程可分为工程验收测试、实用化验收测试和运行测试，测试涉及功能测试和性能测试。

1. 工程验收测试

工程验收测试是指配电自动化系统在现场安装调试完成，并达到现场试运行条件后所进行的验收。工程验收测试包括系统各部件的外观、安装工艺检查，基础平台、系统功能和性能指标测试等内容。

（1）工程验收测试应具备的条件。配电终端已完成现场安装、调试并已接入配电主站或配电子站。配电子站已完成现场安装、调试并已接入配电主站；主站硬件设备和软件系统已在现场安装、调试完成，具备接入条件的配电子站、配电终端已接入系统，系统的各项功能正常；通信系统已完成现场安装、调试；相关的辅助设备（电源、接地、防雷等）已安装调试完毕。

（2）工程验收测试流程。现场验收条件具备后，验收方启动现场验收程序；现场验收工作小组按现场验收大纲所列测试内容进行逐项测试。在测试过程中发现的缺陷、偏差等问题，允许被验收方进行修改完善，但修改后必须对所有相关项目重新测试。现场进行 72h 连续运行测试。验收测试结果证明某一设备、软件功能或性能不合格，被验收方必须更换不合格的设备或修改不合格的软件，对于第三方提供的设备或软件，同样适用。设备更换或软件修改完成后，与该设备及软件关联的功能及性能测试项目必须重新测试，包括 72h 连续运行测试。

现场验收测试结束后，现场验收工作小组编制现场验收测试报告、偏差及缺陷报告、设备及文件资料核查报告，现场验收组织单位主持召开现场验收会，对测试结果和项目阶段建设成果进行评价，形成现场验收结论。对缺陷项目进行核查并限期整改，整改后需重新进行验收。验收通过后，进入验收试运行考核期。

（3）工程验收测试标准。硬件设备型号、数量、配置、性能符合项目合同要求，各设备的出厂编号与工厂验收记录一致。被验收方提交的技术手册、使用手册和维护手册为根据系统实际情况修编后的最新版本，且正确有效。工程建设文档及相关资料齐全。系统在现场传动测试过程中状态和数据正确。硬件设备和软件系统测试运行正常。功能、性能测试及核对均应在人机界面上进行，不得使用命令行方式。验收测试结果满足技术合同、技术文件和规范要求。无缺陷，偏差项少。

（4）工程验收测试方法。

1）界面测试：通过用户界面测试来核实用户与软件的交互，包括人机界面、网络接入与控制、网络拓扑着色、数据记录、操作与控制、权限管理、WEB 发布等大量通过界面反映人机交互的功能。

2）功能测试：在系统真实的环境下，根据合同确认的功能逐项测试，检查产品是否达到用户要求的功能。配电自动化主站的功能测试是在终端（子站）均已接入的情况下的测试，内容包括数据采集、数据处理、系统建模、馈线故障处理、多态多应用、网络拓扑分析、多态模型管理、状态估计、潮流计算、告警服务、解合环分析、负荷转供、负荷预测、系统运行状态管理、网络重构、配网调度运行支持应用等配电自动化技术合同认定的功能进行逐项测试。终端的功能测试在生产厂家进行。

3）系统确认测试：对上线系统进行全方位的整体测试。测试的对象不仅仅包括需要测试的产品系统的软件，还要包含软件所依赖的硬件、外设甚至包括某些数据、某些支持软件及其接口等。因此，必须将系统中的软件与各种依赖的资源结合起来，在系统实际运行环境下来进行测试，其中包括主站和终端的系统时钟和对时、分布式电源/储能/微电网控制接入、全息历史/事故反演、配电网的自愈、经济运行等。

4）系统安全测试：系统应用的安全性包括对数据或业务功能的访问，在预期的安全性情况下，操作者只能访问应用程序的特定功能、有限的数据。测试时，确定有不同权限的用户类型，创建各用户类型并用各用户类型所特有的事务来核实其权限，最后修改用户类型并为相同的用户重新运行测试。

5）安全功能验证：有效的密码是否接受，无效的密码是否拒绝。系统对于无效用户或密码登录是否有提示。用户是否会自动超时退出，超时的时间是否合理。各级用户权限划分是否合理。

（5）工程验收测试质量文件。配电主站的工程验收测试质量文件分别编制，统一归档。验收结束后，形成验收报告，汇编验收质量文件。质量文件应包括以下内容：验收测试大纲；现场安装调试报告；验收申请报告；系统联调报告；验收测试记录；验收偏差、缺陷汇总；验收测试统计及分析；验收结论。

2. 实用化验收测试

实用化验收应满足下列必备条件：已通过工程验收，验收中存在的问题已整改，配电自动化系统已投入试运行，有连续完整的运行记录；配电自动化运维保障机制已建立并有效开展工作。

配电自动化实用化验收包括验收资料、运维体系、考核指标、实用化应用等四个分项。验收资料评价内容包括技术报告、运行报告、用户报告、自查报告、配电自动化设备台账等；运维体系评价内容包括运维制度、职责分工、运维人员、配电自动化缺陷处理响应情况等；考核指标评价内容包括配电终端覆盖率、系统运行指标等；实用化应用评价内容包括基本功能测试、馈线自动化使用情况、数据维护情况、配电线路图完整率等。

实用化验收测试涉及配电主站月平均运行率测评、配电终端月平均在线率测评、遥控使用率测评、遥控成功率和遥信动作正确率测评、配电线路图完整率测评，同时核查报警功能、事件顺序记录（SOE）功能、电网主接线及运行工况、馈线自动化使用情况、数据维护情况等。

配电主站月平均运行率要求应大于等于99%，通过抽取配电主站运行日志，按照根据给定的统计公式（4-1），可逐月统计核实配电主站系统的月平均运行率，即

$$\frac{T_1 - T_2}{T_1} \times 100\% \qquad (4-1)$$

式中 T_1——主站全月日历时间；

   T_2——主站停用时间。

配电终端月平均在线率要求应大于等于95%，通过抽取配电终端的投退记录，根据给定的统计公式（4-2），可逐月统计核实配电终端的月平均在线率。配电终端设备停用时间包括通信中断导致的配电终端不可用时间和配电终端缺陷与故障等停用时间。

$$\frac{T_1 \times n - \sum_{i=1}^{n} t_i}{T_1 \times n} \times 100\% \qquad (4-2)$$

式中 n——配电终端总数；

   t_i——单台终端设备停用时间。

遥控使用率要求应大于等于90%，通过抽取配电终端上送的实际遥控次数和三遥开关的遥信变位次数，根据给定的统计公式（4-3）统计核实遥控使用率，即

$$\frac{m}{M} \times 100\% \qquad (4-3)$$

式中 m——考核期内实际遥控次数；

   M——考核期内可遥控操作次数的总和。

遥控成功率要求应大于等于98%，通过抽取配电终端上送的遥控成功次数和遥控操作总次数，根据给定的统计公式（4-4）统计核实遥控成功率。遥控成功率是指配电终端在线且可用情况下的遥控成功率，当预遥控命令下发返校成功但没有下发正式执行的遥控命令的情况不作统计。

$$\frac{k_1}{k_2} \times 100\% \qquad (4-4)$$

式中 k_1——考核期内遥控成功次数；

   k_2——考核期内遥控次数总和。

遥信动作正确率要求应大等于95%，通过抽取配电终端上送的遥信正确动作次数以及拒动、误动次数，根据给定的统计公式（4-5）核实事故时遥信动作正确率。遥信动作正确率是指开关操作和事故情况下的遥信变位正确率。

$$\frac{x_1}{x_1 + x_2} \times 100\% \qquad (4-5)$$

式中 x_1——遥信正确动作次数；

   x_2——误动次数。

配电线路图完整率要求应大等于98％，通过查看配电主站抽取图形化的配电线路条数，通过生产管理系统抽取区域内配电线路总条数，根据给定的统计公式（4-6）核实配电线路图完整率，即

$$\frac{L_1}{L} \times 100\% \qquad\qquad (4-6)$$

式中　L_1——配电主站图形化的配电线路条数；

　　　L——配电线路总条数。

报警功能测评要求主站系统在电网出现故障或异常的情况下，能够迅速在屏幕的报警区显示简单明了的报警信息，并可根据报警信息调出相应画面，系统应保存事故及报警信息的内容，包括事件的性质、状态、发生时间、对象性质等。通过查看历史报警信息的完整性及模拟一些故障或异常事件可以完成报警功能的实时测评。

事件顺序记录（SOE）功能测评要求在同一时钟标准下，站内和站间发生事件的顺序记录。事件记录应按时间顺序保存，并可以分类检索。通过调阅某个故障事件分析各类信号、操作的事件顺序记录是否合理，有序。动态模拟一个故障事件，查看相关的报警、操作是否准确、有序地记录带时标的各类事件信息。

电网主接线及运行工况测评要求配电线路和设备图形清晰、美观、实用，曲线、实时数据显示正常、符合逻辑。通过现场查看、操作、演示完成相关的测评工作。

馈线自动化使用情况测评要求故障时能判断故障区域并提供故障处理的策略，可以通过查看调度日志和主站系统相关记录等资料，查看历史故障处理情况。同时可以采用故障注入仿真软件实现故障的动态模拟用于验证馈线自动化运行情况。

数据维护情况测评是评价数据维护的准确性、及时性和安全性是否满足配网调度运行和生产指挥的要求，其核实方法是抽查部分配电线路的图形、设备参数、实时信息与现场实际及源端系统的一致性。

3. 运行测试

现场运行测试主要围绕应用中的重要功能进行测试，且测试不宜影响到系统的安全稳定运行。现场运行测试主要围绕拓扑着色、遥测精度、开关变位准确性、故障报警准确性、遥控可执行性、传输和操作时延、对时功能、各类网架各种负荷条件下各型故障的处理策略合理性（含故障检测、故障定位、故障隔离、负荷转供）及其他软件模块投运测试。测试方法详见本章4.4。

4.4　测试方案及报告编制

4.4.1　测试方案编制

不论是实验室检测还是现场检测，开始工作前，都应准备编制相关的试验方案，内容包括目的、依据、试验项目及测试顺序、环境条件、仪器设备、试验方法与步骤、数据处理及结果判定、注意事项、记录表格。按图4-5所示完成测试环境部署，通常将有部署测试软件的工作站接入到前置交换机，在终端侧部署电参数和开关量模拟设备等。

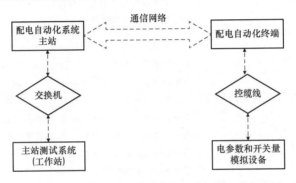

图4-5　测试接入图

测试前主站绘制或准备测试网络；主站建立拓扑模型，按测试要求设置信息点表和IP地址等参数；测试组在便携式内网测试计算机上安装测试软件，配置相应设备的IP地址、信息点表、过流值、开关类型等参数。测试组和主站工作人员进行充分沟通，确保仿真终端的上送值不影响主站正常运行，主站对仿真终端的遥控等操作不耽误执行到现场终端。建立通信连接，将部署有测试软件便携式内网计算机通过网线接入到主站前置交换机，主站PING仿真终端，确保互相建立稳定的通信连接，确认信号和指令可以正常地上传和下达，建立通信连接。同时必须准备必要的安全措施，如准备专用的测试工作站，不允许外网接入，不能携带木马和病毒等恶意程序等；现场电参数和开关量模拟注入需与一次设备严格隔离，做好必要的安全防护措施。仿真终端的IP地址和信息点表需重新配置，严禁使用运行终端的IP和点表开展系统测试。测试结束后，系统应能快速恢复到测试前的状态。现场检测的部分测试项目、测试地点、测试方法和测试环境建立见表4-7。

表 4-7　　　　　　　　　　　　　測 试 方 案

测试项目	测试地点	测试方法	测试环境建立
主站故障处理功能测试	主站	建立测试网络和测试环境，测试软件仿真各种故障信号，检查系统是否能够推演正确的故障处理策略	系统主站建立相应的配电网模型和终端模型，主站通过前置与被测软件进行通信
主站纵向安全防护测试	主站	测试软件配置标准加密模拟终端，主站建立相应的终端模型，在软环境下模拟下列两种情况：①加密遥控指令下达；②未加密遥控指令下达。检查系统是否能够正确执行	系统主站建立相应的终端模型，主站通过前置与被测软件进行通信
系统遥测功能测试	现场环网柜与主站	选择被测线路上的一个环网柜，终端与环网柜的"三遥"及保护功能退出，接好终端与标准源、综合测试装置的接线后开始下列测试：标准源输出电压、电流、频率、有功、无功的被测量，比较综合测试装置和主站遥测值是否一致	终端与环网柜的互感器断开，与继保断开；将被测终端的遥测、遥信、遥控接线引出并做好标记
系统遥信功能及 SOE 测试	现场环网柜与主站	选择被测线路上的一个环网柜，终端与环网柜的"三遥"及保护功能退出，接好终端与综合测试装置的接线后开始下列测试：综合测试装置产生变位信息，观察主站是否接收到正确的变位信息；综合测试装置产生连续的 SOE 变位信息，观察主站是否接收到终端上报的正确 SOE 事件信息	终端与环网柜的互感器断开，与继保断开；将被测终端的遥测、遥信、遥控接线引出并做好标记
系统遥控功能测试	现场环网柜与主站	选择被测线路上的一个环网柜，终端与环网柜的"三遥"及保护功能退出，接好终端与综合测试装置的接线后开始下列测试：主站下发遥控命令，观察综合测试装置是否有相应开关量输入	终端与环网柜的互感器断开，与继保断开；将被测终端的遥测、遥信、遥控接线引出并做好标记

测试项目	测试地点	测试方法	测试环境建立
系统故障报警功能测试	现场环网柜与主站	选择被测线路上的一个环网柜,终端与环网柜的"三遥"及保护功能退出,接好终端与标准源、综合测试装置的接线后开始下列测试:标准源输出故障过流,主站是否显示故障或异常报警信息	终端与环网柜的互感器断开,与继保断开;将被测终端的遥测、遥信、遥控接线引出并做好标记

4.4.2 测试报告编制

测试报告应包括概述、检测日期、检测地点、检测性质、检测主要依据、检测主要仪器和系统、测试环境、检测项目和结论九部分内容。其中,概述部分阐述检测工作的来源和背景;检测日期和检测地点应明确年月日以及在哪个实验室开展检查工作;检测性质主要是描述本次试验是实验室检测、工程验收测试、实用化验收测试还是运行评价测试;检测主要依据要列出所有相关的标准、规范、书籍、期刊、通知等;检测主要仪器和系统需详细列出仪器设备和测试软件名称、型号规格、编号、精度、有效日期等内容;测试环境应描述系统规模、硬件环境、软件环境、系统配置等;检测项目是试验报告的主体,本章 4.3 节已阐述。主站测试验涉及项目较多,篇幅较长,本章截取部分详见表 4-8。

表 4-8   **部分测试报告**

1 系统建模测试
(1)测试方法:
给定两种典型网架,要求被测主站实现给定网架的建模,并可从外部系统导入网架模型
(2)测试结论:
2 网络拓扑分析与动态着色测试
(1)测试方法:
配电自动化主站功能和性能测试系统与被测主站建立连接,改变测试系统上测试网架的开关状态,观察被测主站是否实时完成网络拓扑分析和动态拓扑着色
(2)测试结论:
3 "三遥"正确性测试

3.1 遥测测试

（1）测试方法：

采用变电站综合自动化系统测试校验装置向选定终端的电流回路注入交流电流信号，测试终端的遥测误差

（2）测试结果：

终端型号			变比		
序号	测试项目	测试结果			
1	电流遥测精度测试	变化量	标准值（A）	遥测值（A）	误差
	结论				

3.2 遥信测试

（1）测试方法：

综合测试装置与选定被测终端的遥信端子连接，并发生变位信号，比对系统是否采集到正确的变位信息和 SOE 事件信息

（2）测试结果：

序号	测试项目	测试结果			
1	遥信正确率测试	现场开关状态变位		主站显示的开关变位信号	
	结论	满足			
2	SOE 功能测试	现场开关变位事件顺序记		主站 SOE 记录	
		现场开关变位事件	时标	主站解析开关状态	时标
	结论				

3.3 遥控测试

（1）测试方法：

选定终端的遥控输出端子与综合测试装置连接，主站系统下发遥控命令，观察被测终端是否正确响应遥控命令

（2）测试结果：

序号	测试项目	测试结果	
1	遥控正确率测试	遥控命令	现场开关执行动作
	结论		

3.4 故障信息采集测试

（1）测试方法：

变电站综合自动化系统测试校验装置向选定被测终端的电流回路注入故障电流信号，观察主站是否显示故障或异常报警信息

（2）测试结果：

序号	测试项目	测试结果	
1	故障信息采集	故障情况	主站接收故障信息
	结论		

4 主站系统故障处理策略合理性测试

（1）测试方法：

配电自动化主站功能和性能测试系统与被测主站建立连接，测试系统仿真各种典型故障，测试配电自动化主站系统故障处理策略的合理性

（2）测试结果：

序号	故障设置	测试结果		
		故障信息指示	故障定位	故障处理策略
1	环网柜母线故障			
2	馈线故障			
3	负荷侧故障			
4	开关拒动			
5	……			
结论				

4.5 测试典型案例及问题分析

4.5.1 典型案例

某省电力科学研究院在对供电公司的配电自动化主站系统进行运行检测评价时，发现配电主站普遍存在遥测响应时间偏长、SOE 时标不合理、遥控无法执行、故障处理策略不够完善等问题。

［案例 1］在对某供电公司配电自动化主站进行测试时，发现现场注入电流到主站显示刷新相应的测量电流值，三次试验的遥测变化响应时间分别达到 35s、33s、33s，系统实时数据变化更新时延不满足要求，具体见表 4-9。

表 4 - 9 　　　　　　　　　　　　　　遥测变化响应时间测试

		序号	主站显示刷新时刻	现场注入电流时刻	响应时间/s
2	遥测变化响应时间	1	16：16：21	16：15：44	35
		2	16：20：27	16：19：54	33
		3	16：23：24	16：22：51	33
	结论		系统实时数据变化更新时延不满足要求		

［**案例 2**］在对某供电公司配电自动化主站进行测试时，测试装置发生变位信号后，系统可以采集到正确 SOE 事件信息，但端遥信 SOE 变位时标与主站记录时间偏差较大，个别主站 SOE 记录时间早于现场开关变位时间，具体见表 4 - 10。

表 4 - 10 　　　　　　　　　　　　　　　　SOE 功能测试

序号	测试项目	测试结果			
		现场开关变位事件顺序记		主站 SOE 记录	
		现场开关变位事件	时标	主站解析开关状态	时标
3	SOE 功能测试	合→分	11：11：16.919	合→分	11：11：41
		分→合	11：11：20：325	分→合	11：11：44
		合→分	11：11：41.915	合→分	11：11：06
		分→合	11：11：55.158	分→合	11：11：19
	结论	端遥信 SOE 变位时标与主站记录时间偏差较大，个别主站 SOE 记录时间早于现场开关变位时间			

［**案例 3**］在对某供电公司配电自动化主站进行测试时，对某环网柜测试回路下发遥控分与遥控合共 4 次控制操作指令，均提示非法 ID，无法执行遥控操作，具体见表 4 - 11。

表 4 - 11 　　　　　　　　　　　　　　　遥控正确率测试

序号	测试项目	测试结果	
		遥控命令	现场开关执行动作
4	遥控正确率测试	合→分	无法执行
		分→合	无法执行
		合→分	无法执行
		分→合	无法执行
	结论	主站系统下发遥控命令，提示非法 ID，无法遥控	

[**案例 4**] 在对某供电公司配电自动化主站进行测试时，在故障处理策略合理性验证测试过程中发现：系统在切除同一母线上负荷时具有随机性；系统容错能力不足，无法处理开关拒分和拒合的情况。开关拒分后，无法继续推出让上一级开关跳闸隔离故障的处理方法，采用电源开关配合来隔离故障，导致故障隔离范围扩大。联络开关拒合后，主站未推出另一联络开关合闸的策略，具体见表 4-12。

表 4-12 故障处理策略合理性测试

序号	故障设置	测试结果		
		故障信息指示	故障定位	故障处理策略
1	馈线故障情况三（两转供馈线均重载，需切负荷）	√	×	系统在切除同一母线上负荷时具有随机性，该方案非最优
2	开关拒分	√	×	主站可正确定位故障，但出现拒分后，无法继续推出让上一级开关跳闸隔离故障的处理方法，采用电源开关配合来隔离故障，导致故障隔离范围扩大
3	开关拒合	√	×	联络开关拒合后，主站未推出另一联络开关合闸的策略
结论	系统在切除同一母线上负荷时具有随机性；系统容错能力不足，无法处理开关拒分和拒合的情况			

4.5.2 问题分析

配电自动化主站作为一个系统性工程的核心组成，又与其他应用系统存在信息交互，因此当在调试时配置不合理、电气元件模型导入不正确、对时机制不完善、策略设计不全面等情况下均会导致配电自动化主站在应用中出现各种问题。

[案例 1] 中遥测数据传输时延偏长，主要是由于数据传输通信通道设置不合理，个别通信节点参数设置不完善等原因导致终端与主站间通信链路不畅通造成的。

[案例 2] 中主站记录遥信变位时标和终端记录遥信 SOE 变位时标与偏差较大，主站记录时间甚至早于现场开关变位事件记录时间，这是由于终端对时

和守时功能存在缺陷。主站的对时机制不完善也会造成终端时间与主站时间不一致。

〔案例 3〕中开关遥控操作不成功，主要原因有两种：一种是一次设备老化，如操作机构损坏、操作电源欠压等；另一种是主站遥控模型配置不正确。

〔案例 4〕中主站处理故障的策略未全面考虑各种可能的情况，并且对一些故障的处理考虑不够周全，导致部分故障无法有效处理，部分操作中断无法提供持续引导辅助，导致不应切除的负荷被切除、扩大故障隔离范围等情况出现。

第5章

配电自动化集成联调测试

　　配电自动化系统的许多功能都涉及主站系统、终端设备的协调处理，为了考核系统的整体运行状况，系统测试注重配电自动化功能与性能的整体测试，在配电自动化系统的工程实践中，针对面向用户协议的验收测试也是配电自动化工程评价与考核的关键，系统出厂试验和系统联调试验是系统验收测试的两个非常重要的阶段，本文主要针对配电自动化系统联调试验进行阐述。

　　配电自动化系统联调试验的主要内容包括通信规约试验、故障隔离与非故障区域恢复供电 FA（Feeder Automation）测试、安全防护试验以及相关指标的测试。配电自动化系统联调试验可以在实验室开展安装前联调，也可在安装后开展现场检测。不同检测种类的试验系统、试验条件、试验项目、试验方法、注意事项等各有不同。

5.1　配电自动化系统集成类型

　　配电自动化系统安装按实现方式的不同，可分为简易型、实用型、标准型、集成型和智能型等。

1. 简易型

　　简易型配电自动化系统是基于就地检测和控制技术的一种准实时系统。它采用故障指示器来获取配电线路上的故障信息，由人工现场巡视线路上的故障指示器翻转变色来判断故障（也可以将故障指示信号上传到主站，由主站集中判断故障区段），如图 5 - 1 所示。

　　在配电开关采用重合器或配电自动开关时，可以通过开关之间的逻辑配合（如时序等）就地实现配电网故障的隔离和恢复供电，如图 5 - 2 所示。

2. 实用型

　　实用型配电自动化系统是利用多种通信手段（如光纤、载波、无线公网/

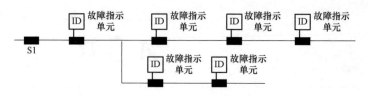

图 5-1　简易型配电自动化线路示意图（一）

图 5-2　简易型的配电自动化线路示意图（二）

专网等），以两遥（遥信、遥测）为主，并对部分具备条件的一次设备可实行单点遥控的实时监控系统。它的主站具备基本的 SCADA 功能，对配电线路、开闭所、环网柜等的开关、断路器以及重要的配变等实现数据采集和监测。在一些没有条件或没有必要实时监测的线路中，依然可以采用简易型的配电自动化模式。

3. 标准型

标准型配电自动化系统是在实用型的基础上增加了基于主站控制的 FA 功能。它对通信系统要求较高，一般需要采用可靠、高效的通信手段（如光纤），配电一次网架应该比较完善且相关的配电设备具备电动操作机构和受控功能。该类型系统的主站具备完整的 SCADA 功能和 FA 功能，当配电线路发生故障时，通过主站和终端的配合实现故障区段的快速切除与自动恢复供电。另外，它与上级调度自动化系统和配电 GIS 应用系统要实现互连，以获得丰富的配电数据，建立完整的配网模型，可以支持基于全网拓扑的配电应用功能。它主要为配网调度服务，同时兼顾配电生产和运行管理部门的应用。

4. 集成型

集成型配电自动化系统是在标准型的基础上，通过信息交换总线或综合数据平台技术将企业里各个与配电相关的系统实现互连，最大可能地整合配电信息、外延业务流程、扩展和丰富配电自动化系统的应用功能，全面支持配电调度、生产、运行以及用电营销等业务的闭环管理，同时也为供电企业的安全和经济指标的综合分析以及辅助决策而服务。

5. 智能型

智能型是在标准型或集成型配电自动化系统基础上，扩展对于分布式电源、微网以及储能装置等设备的接入功能，实现智能自愈的馈线自动化功能以及与智能用电系统的互动功能，并具有与输电网的协同调度功能，以及多能源互补的智能能量管理分析软件功能。

5.2 测 试 装 备

5.2.1 测试系统组成及接入

配电自动化系统联调试验一般采用在配电终端二次注入信号的方式，其原理即在需模拟故障区段上游的配电终端二次侧分别同步注入模拟故障的短路电流变化波形和对应的电压波形，从而对配电自动化系统主站、终端、通信、开关设备、继电保护、备用电源等各个环节在故障处理过程中的相互配合进行系统性测试。现场试验需解决的关键在于以下两点。

（1）对于所设置的故障，在模拟故障发生时，各个配电终端应同时发生相对应的短路电流波形和伴随的电压异常波形。

（2）能够接收故障处理过程中来自配电终端进行故障隔离和供电恢复的馈线开关控制信号，并根据设置的故障前运行场景和故障现象输出相应的电流、电压波形，维持配电自动化故障处理过程中所需的条件，从而对配电自动化各个环节在故障处理过程中协调配合的正确性进行测试。

在实验室内进行配电自动化系统联调试验，可以采用继保测试仪和模拟开关单元，搭建测试系统，如图 5-3 所示。

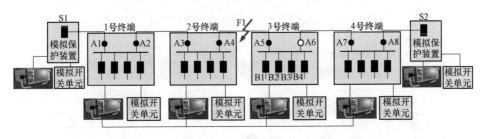

图 5-3　配电自动化系统联调测试平台架构

继保测试仪提供"状态序列"功能，通过自由定制的试验方式，模拟空载状态、A 相接地、B 相接地、C 相接地、AB 相间短路、BC 相间短路、CA 相间短路、AB 两相接地、BC 两相接地、CA 两相接地以及三相短路，且可自由设定故障方向（正向故障或反向故障）、短路电流大小等，测试配电自动化系统的故障处理性能。具体内容如下。

（1）设定继保测试仪的状态序列，自由设定故障方式、瞬时故障或永久性故障。

（2）将某台配电终端的 TA 二次回路短接，并断开与终端的内部接线，可模拟该配电终端电流遥测信息漏报现象。

（3）将某台配电终端的 TV 回路与终端的内部接线断开，可模拟该配电终端电压遥测信息漏报现象。

（4）将某台配电终端的 TA 二次回路短接，并断开与终端的内部接线，模拟故障时该配电终端无法检测到故障电流，可模拟该配电终端故障信息漏报现象。

（5）向某台配电终端的 TA 二次回路短注入一个瞬时过流信号，可模拟该配电终端误报故障信息现象。

（6）将某台配电终端的控制出口压板打开，可模拟对应开关拒动现象。

（7）将某台配电终端的通信线断开，可模拟该配电终端通信中断现象。

在进行现场试验时，由于被测配电终端处于不同地理位置，因此需对继保测试仪进行改造，使之可由指挥后台控制实现故障信号同步注入。以某省级电力科学研究院研制的现场注入测试系统为例，该系统由综合测试装置、继保测试仪、模拟断路器、模拟保护装置以及指挥后台构成，如图 5-4 所示。

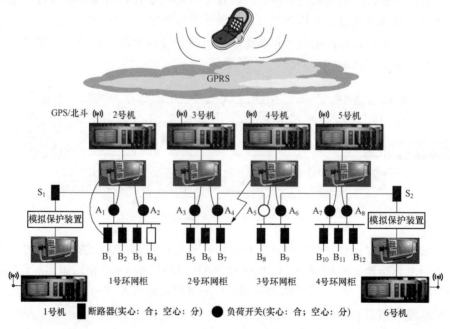

图 5-4 现场注入测试架构

在被测系统的前端布置多套的综合测试装置、继保测试仪、模拟断路器以及模拟保护装置，通过 GPS/北斗和无线公网通信相结合，不同位置的综合测试装置可通过对时、接收指挥后台的控制指令，控制继保测试仪同时输出所需的故障状态序列以及相应的保护动作，并研制通用型开关模拟装置，在线路不停电的情况下，模拟馈线或环网的故障及线路保护动作情况，实现分布式多点多状态序列的仿真信号注入；应用了北斗时钟同步和 GPS 时钟同步双模自适应授时技术，可适应不同应用场合，为各装置执行测试方案提供时序标准；组网方式灵活多样，能满足现场各型复杂网络测试要求，且可以仿真各种状态量和模拟量，仿真网络中发生的各种运行状态、三相短路故障、两相短路故障等，实现配电网络化仿真检测。

5.2.2　软硬件配置及要求

搭建配电自动化系统联调测试系统需配置的硬件包括以下几项。

（1）继保测试仪器。可优化改造，联合通用型开关模拟装置、卫星时钟、主站开关变位软件等软硬件实现信号的同步和协调输出。

（2）综合控制装置。用于协调控制测试状态各类装置的输出状态，并采集测试系统当前运行状态。

（3）通用型开关模拟装置。模拟一次开关设备，产生开关变位，执行遥控动作，反馈遥信变位，并且可以联合继保测试仪、卫星时钟等协调执行相关动作，可适用于大部分主流配电终端。

（4）便捷型交直流电源。适应配电网多变的现场测试环境，为部分现场仪器供电。

（5）GPS 和北斗时钟。用于仪器、软件及整个系统的时钟同步，确保各自的输出、动作按测试方案有序执行。

为实现各类仪器及上层控制系统间的协调配合，需要开展以下一系列相关硬件设备改造、控制软件开发等工作。

（1）继保测试仪器改装。通用型继保测试仪无法满足现场网络化注入测试需求，因此需进一步开发无线通信功能，确保与指挥后台、相互间指令交互；加装多机远程时钟同步功能，实现信号的同步协调输出；解析协议，实现网络化注入测试方案远程统一下达。

（2）通用型开关模拟装置上层软件。可联合继保测试仪器实现开关分合变位信号同步输出功能；可接收和执行分合命令，并返回 COS 和 SOE 遥信事项。

（3）变电站出线开关变位同步注入软件。变电站出线开关的保护装置与常规配电终端不一致，且配网运维人员不宜进入变电站开展相关作业，因此开发变电站出线开关变位同步注入软件开发，可联机进行时钟同步；具备建模功能，可在主站侧联机继保测试仪器和模拟装置同步注入比变电站出线开关跳闸信号。

（4）指挥后台开发。协调测试系统各装置状态，开展协调继保测试仪、开关模拟装置、时钟等装置工作，且具备开展相间保护动作告警及复位测试、保护动作值误差测试、相间保护故障记忆功能测试、闭锁功能测试、零序保护动作告警及复位测试、遥信上传测试、对时功能测试等功能。

5.3 测 试 条 件

5.3.1 测试前准备工作

1. 安全措施准备

（1）详细了解配电终端及相关设备的运行情况，制定确保系统安全稳定运行的技术措施。

（2）熟悉终端接线及主站系统架构、配置，了解相关参数定义，核对主站信息。

（3）按相关安全生产管理规定办理工作许可手续。

（4）试验现场应提供安全可靠的独立试验电源，禁止从运行设备上接取试验电源。

（5）检查配电终端的状态信号是否与主站显示相对应，检查主站的控制对象和现场实际开关是否相符。

（6）解开配电终端与一次设备的控制电缆并标记清楚，并将开关"远方/就地"旋钮旋至"就地"，防止遥控功能试验时误跳在运行开关上。

（7）解开配电终端与 TA、TV 的接线并标记清楚，并将 TA 二次短接、TV 二次开路。

2. 系统三遥、故障报警、数据上传时延功能测试准备

随机选取一条已实现馈线自动化的线路，对安装在线路上的终端开展遥测功能测试。待测终端与环网柜的互感器断开后，与继保断开；将被测终端的遥测、遥信、遥控接线引出并做好标记。现场准备电参数发生装置、遥信信号发生装置、遥控执行装置、标准表、对讲机、秒表等。

3. 主站纵向安全防护测试准备

便携式计算机一台，主站纵向安全防护测试软件一套。在主站前置库中添加一个装有加密装置的终端，主站端的规约需要配置加密的 104 规约。

5.3.2 环境条件

除另有规定外，实验室环境条件要求各项试验均在以下大气条件下进行：

（1）温度为−40～+70℃；最大变化率为1.0℃/min

（2）相对湿度为25%～75%；最大绝对湿度为35g/m³。

（3）大气压力：70～106kPa。

在每一项目的试验期间，大气环境条件应相对稳定。

5.3.3 电源条件

试验时电源条件如下。

（1）频率：50Hz，允许偏差−2%～+1%。

（2）电压：220V，允许偏差−20%～+20%。

5.4 测试项目及方法

5.4.1 通信规约试验

配电自动化系统中常用的通信规约有IEC 60870-5-101、IEC 60870-5-104和DNP 3.0等。通信规约的测试包括规约的静态测试、动态测试及互联测试。在通信规约测试中将阐述规约的测试条件、规约功能性测试和规约性能测试。

规约功能性测试侧重于规约报文的正确性验证。其中，静态测试是利用规约测试软件对单个报文进行检查验证；动态测试利用规约测试软件对报文的连续运行进行检查验证；互联测试是将主站与终端直接互联验证报文的连续运行情况。

规约性能测试侧重于规约运行中报文处理的响应时间、系统通信差错时的容错性处理能力测试、规约连续运行时的稳定性测试和规约处理的容量测试等。

1. 测试环境

（1）规约测试软件。配电自动化系统规约测试需要有一个标准规约测试软件，主要用来和被测试配电终端的规约进行点对点的通信，用于同被测试配电终端进行数据和命令的交互、印证，以此来验证被测装置规约的正确性。

规约测试软件可以开展多种通信规约的测试，选择不同的规约命令，发送到站端，并显示发送和接收回来的数据，还可以用于模拟实际运行情况，连续地向被测装置请求各种数据，可以自动根据被测装置的当前状态而发送相应的请求数据命令。

规约测试软件既可以模仿主站端完成对配电终端进行测试，也可以模仿终端装置对主站系统进行测试。

（2）规约测试硬件配置。测试系统硬件包括两台计算机和附属设备，其中第一台计算机用于完成对配置终端的规约测试，另一台用于完成对配电自动化主站的规约测试。测试通信规约时应准备一些被测装置将来要运行的物理信道设备，如有线电缆、光纤、无线电台、网络电缆、载波等；另外，还有接收和发送设备，如串口、网卡、通信服务器、GPRS/GSM 通信器等；微机等主站设备。如果没有上述设备，可以采用相似的物理设备来模拟，也可以采用数字仿真器来模拟。

2. 规约功能测试

（1）静态测试。静态测试一次只测试一个规约命令或一个规约命令序列，主要用来检查规约命令的数据结构是否正确、规约帧是否按要求响应。

静态测试的方式是应用规约测试软件通过仿真发送各种规约命令进行测试，应测试各种规约所定义的不同状态下的所有命令，因此在规约测试软件的界面上详细分析接收回来的数据，检查数据结构等是否正确。

以 IEC 60870-5-104 规约为例，测试内容主要分为以下 3 个部分。

1）APCI（应用规约控制信息）测试。APCI 测试包括基本 APCI 测试（启动字符、APDU 的长度、I 格式的控制域、S 格式的控制域、U 格式的控制域）、防止报文丢失与报文重复传送测试、测试过程测试、用启/停进行传输控制测试、端口号测试、K 参数测试、超时参数测试等。

2）基本应用功能测试。基本应用功能测试主要包括站初始化功能测试、复位进程测试等。

3）应用功能测试。应用功能测试主要包括总召唤功能测试、事件传输功能测试、命令传输功能测试、时钟同步功能测试、测试过程功能测试等。另外，可以模拟通信过程中传输错误发送错误报文，测试其抗干扰能力。

（2）动态测试。动态测试是指将测试节点和被测试节点连起来连续运行，并使规约传送各种数据和命令，这主要用来检查规约的各种命令之间时序配合是否正确，是否能自动根据系统的当前状态正确反映。

规约动态测试是用规约测试软件模拟规约实际运行环境，将节点连起来连续运行，测试各种数据和命令传输是否正确。与静态测试一样，应用规约测试软件既可以模仿主站端对终端装置进行测试，也可以模仿终端装置对主站端进行测试。测试时不以单个报文为主要对象，而以模拟实际操作命令的一个完整过程为对象观察相关报文的运行情况正确与否及匹配情况。

（3）互联测试。规约的互联测试是根据现场通道网络的拓扑结构将主站系统与终端相连。直接测试规约互联的运行情况。

通信规约的互联测试初始条件：在仿真终端或 FTU、DTU 等站端设备中配置好各种参数，连接好主站系统与站端设备之间的网络设备和通信终端设备及其设备间的连线。在主站端设置好通信参数和配电终端参数、量测参数等，并使主站支撑平台、数据采集模块等软件正常运行。

测试内容包括遥测测试、遥信测试、电能量测试、SOE 测试、校时测试和转发规约测试。

测试方法是在系统互联运行过程中，在主站前置机通道接收缓冲区中捕捉遥测内容帧，分析是否符合规约形式，观察处理好的遥测缓冲区是否与之对应，再查看对应参数的实时库中记录的生数据是否与接收数据相统一。在终端设备层面通过配电终端的笔记本维护软件观测报文的运行匹配情况。

3. 规约性能测试

（1）系统响应时间测试。系统响应时间测试主要测试各报文在处理过程中所用的时间，要求一个典型过程涉及的报文时间之和小于功能规范要求的处理时间，通过对报文响应时间的测试可以检查程序编码过程的一些问题。

时间响应测试可以在规约测试软件中加上报文发送和接收的时间标志，测试时可以针对一个典型处理过程比较涉及的报文的时间。

（2）容错性能测试。容错性测试主要用来测试在通道受到干扰的情况下，数据是否出现处理错误。数据传输如果出现错误，系统应可以检测到，并按照规约定义的方式去处理，如数据重新发送、初始化通道、丢弃错误数据等合理反应。抗干扰测试应测试以下情况。

1）数据包长度错误。数据包长度变长或变短。

2）校验错误。规约数据中的校验码和实际不一致。

3）超时错误。命令长时间得不到响应、数据丢失。

4）命令应答错误。返回的命令或数据类型不是规约中要求的命令或数据类型。

5）通道重连功能。测试通道中断，并在一段时间后恢复，主动连接方是否可以自动重新连接通道。

（3）路由功能和网络自愈功能。初始条件：去掉一个子站，网络的一条物理回路断开，但网络系统的每个节点仍存在物理通路，看维护软件是否能维护每个网络节点来检验路由功能和网络自愈功能。

（4）稳定性测试。主、分站端连起来连续运行一定的时间，分别传输各种数据，并且间隔一段时间进行抗干扰测试，检查规约是否正常运行。

（5）接口测试。将规约通过不同的物理信道进行连接，测试规约是否正常运行，如将某规约通过微机的串行接口连接、通过以太网连接、通过无线或载波进行连接等。

（6）容量测试。按照规约所能传输的最大的数据容量进行测试，检查规约是否正确传输和处理。

1）测试规约在不同的传输频率、不同的数据容量、不同的物理信道等各种情况下，数据的刷新周期。

2）测试规约数据发生异常变化时（主要指规约定义的异常事件），规约处理事件的周期。

3）测试规约要求优先传送的数据是否能获得优先处理，并测试反映时间。

5.4.2 遥测精度与上传时间试验

配电终端在现场完成安装、接线后，在投运前或投运后，均应进行现场实际运行工况的现场试验，包括配电终端"三遥"（遥测、遥信、遥控）精度、正确性及信息上传时间等试验，配电终端"三遥"功能试验方案如图5-5所示。

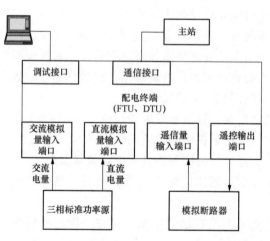

图5-5　配电终端"三遥"功能测试接线方案

遥测测量量包括交流电压、交流电流、功率、频率等，检测项目包括遥测基本误差和遥测越限由终端传递到主站的时间，其中遥测越限由终端传递到主站的时间视不同通信方式而定：光纤通信方式应小于2s；载波通信方式应小于

3s；无线通信方式应小于30s。

1. 交流电压

（1）基本误差测量。根据图5-5所示方案完成试验接线，核对无误后，操作三相标准功率源，保持其输出量的频率为50Hz，谐波分量为0，依次在被测配电终端的交流电压采样端子施加0%、20%、40%、60%、80%、100%及120%标准交流输入电压值，记录标准表相电压的示值U_i和主站显示的交流相电压U_x，通过公式（2-1）计算交流电压基本误差，应注意U_i为电压互感器二次值，与U_x存在一个m的倍数，m为电压互感器的变比。

（2）电压越限上传时间检测。根据图5-5所示方案完成试验接线，核对无误后，操作三相标准功率源，保持其输出量的频率为50Hz，谐波分量为0，在被测配电终端的交流电压采样端子施加表5-1所列的电压变化测试场景，利用计时工具如秒表、数字式毫秒计等，测试从电压变化到主站界面显示值刷新的时间。

表5-1   电压越限上传时间测试场景

配电终端标准交流输入电压值	测试场景	配电终端标准交流输入电压值	测试场景
100V	0 V→100V	220V	0 V→220V
	100 V→0V		220 V→0V
	0 V→50V		0 V→110V
	50 V→0V		110 V→0V
	0 V→10V		0 V→20V
	10 V→0V		20 V→0V

2. 交流电流

（1）基本误差测量。根据图5-5所示方案完成试验接线，操作三相标准功率源，保持其输出量的频率为50Hz，谐波分量为0，依次在被测配电终端的交流电流采样端子施加0%、20%、40%、60%、80%、100%及120%标准交流输入电流值，记录标准表三相电流的示值I_i和主站显示的交流电流I_x，通过公式（2-1）计算交流电流基本误差。应注意I_i为电流互感器二次值，与I_x存在一个n的倍数，n为电流互感器的变比。

（2）电流越限上传时间检测。根据图5-5所示方案完成试验接线，核对无误后，操作三相标准功率源，保持其输出量的频率为50Hz，谐波分量为0，在被测配电终端的交流电流采样端子施加表 5-2 所列的电流变化测试场景，利用计时工具测试从电流变化到主站界面显示值刷新的时间。

表 5-2 电流越限上传时间测试场景

配电终端标准交流输入电流值	测试场景	配电终端标准交流输入电流值	测试场景
1A	0A→1A	5A	0A→5A
	1A→0A		5A→0A
	0A→0.5A		0A→2.5A
	0.5A→0A		2.5A→0A
	0A→0.1A		0A→0.5A
	0.1A→0A		0.5A→0A

3. 功率基本误差

根据图 5-5 所示方案完成试验接线，操作三相标准功率源，保持输入交流电压为 100% 标准输入交流电压，频率为 50Hz，功率因数按参比条件设为 0.5（即电压电流相角差为 60°），谐波分量为 0，依次分别施加 0%、20%、40%、60%、80%，100% 标准交流输入电流，分别记录标准表读出的输入有功功率 P_i、无功功率 Q_i 和主站显示的有功功率 P_x、无功功率 Q_x，通过公式（2-1）计算有功功率和无功功率基本误差，应注意 P_i、Q_i 是由电流互感器二次值和电压互感器二次值计算得出的，因此与 P_x、Q_x 存在一个 $m \cdot n$ 的倍数，m 为电压互感器的变比，n 为电流互感器的变比。

4. 频率基本误差

根据图 5-5 所示方案完成试验接线，操作三相标准功率源，保持输入交流电压为 100% 标准输入电压，输入交流电流为 100% 标准输入电流，谐波分量为 0，改变信号频率依次为 45 Hz、47 Hz、49 Hz、50 Hz、51 Hz、53 Hz、55Hz，记录标准表三相电流的示值 f_i 和主站显示的交流电流 f_x，通过公式（2-1）计算频率基本误差。

5.4.3 遥信正确率与上传时间试验

遥信功能测试项目包括以下三种。

（1）遥信正确率，要求配电终端遥信正确率不小于 99.9%。

（2）站内事件分辨率，即 SOE 站内分辨率，要求配电终端 SOE 站内分辨率小于 10ms。

（3）遥信变位由终端传递到主站的时间，根据不同通信方式，分为以下三种。

1）光纤通信方式小于 2s。

2）载波通信方式小于 30s。

3）无线通信方式小于 60s。

根据图 5-5 所示方案完成试验接线，核对无误后，操作模拟断路器，使其输出分→合、合→分的开关状态变化场景，连续测试 5 次，测试配电终端是否正确采集到开关状态变化信息。同时，利用计时工具测试遥信变位由终端传递到主站的时间。

传统的模拟断路器无法输出间隔 10ms 的两路开关状态变化信息，因此，测试配电终端站内事件分辨率时，需要对其进行改造，使其两路开关变化输出时间延迟不大于 10ms，且可调。将这两路输出信号接至被测配电终端的两路遥信输入端（具备 SOE 功能），操作模拟断路器输出间隔小于 10ms 的变化信息，要求配电终端采集的遥信名称、状态及动作时间满足要求。

5.4.4　遥控执行正确率与时间试验

遥控功能测试项目包括以下两种。

（1）遥控正确率，要求其不小于 99.9%。

（2）遥控命令选择、执行或撤销传输时间，要求其不大于 6s。

选取被测终端的备用开关间隔，根据图 5-5 所示方案完成试验接线，核对无误后由主站选择并下发遥控命令，控制开关分闸、合闸操作，连续操作 10 次，测试开关是否正确相应主站的遥控指令。同时，利用计时工具测试遥控指令下发传输时间。

传统的计时工具受人工干扰影响大，容易产生较大误差，其结果不确定度较大。随着计算机和对时技术的发展和推广应用，可以考虑研制系统级测试系统，在三相标准功率源、模拟断路器、主站侧等安装对时装置，并开发相应的软件，在全网统一对时后，自动记录三相标准功率源遥测输出时间、模拟断路器开关状态变化时间和主站遥测显示值刷新等时间，从而精确计算遥测越限上传时间、遥信上传时间及遥控命令传输时间。

5.4.5　故障识别与处理联调试验

以图 5-3 中 F1 点 AB 相永久性短路故障为例，说明测试配电自动化系统故障处理性能的过程。

模拟馈线中，S1 和 S2 模拟为具有本地保护跳闸功能的断路器，其余为负荷开关（过流时不跳闸）。运行方式为：开关 A1、A2、A3、A4、A6、A7、A8 为闭合状态，开关 A5 为断开状态。

各终端处的继保测试仪设定如下。

（1）设定 S1 处、1 号终端和 2 号终端处的继保测试仪参数，使得开关 S1、A1、A2、A3、A4 流过故障电流。设置 3 个状态序列，状态 1 为线路正常运行状态，状态 2 为线路两相短路故障状态，状态 3 为线路保护动作后的停电状态。故障状态的短路电流需大于终端配置的短路电流门槛值。

（2）选择其中一台继保测试仪（1 号终端处），将其状态 1 的结束方式设定为时间控制，时间设定为 10s，开出设置为 10（与状态 1 持续时间相同）后开出量 1 闭合；其余继保测试仪（S1 处、2 号终端处）状态 1 的结束方式设定为开入接点控制，开入量选择 A 翻转。当 1 号终端处继保测试仪状态 1 结束，启动状态 2 时，其开入量状态翻转，控制 S1 处、2 号终端处继保测试仪同步启动状态 2，达到故障信号同步注入的目的。

（3）状态 2 的结束方式设定为时间控制，时间设定为 0.5s。

（4）状态 3 的结束方式设定为时间控制，时间设定为 5s。

（5）S1 处继保测试仪开出端子与模拟保护装置连接，并将其状态 2 的开出设置为 0 后开出量 1 断开，模拟过流后的断路器跳闸信号。

启动试验后，在配电终端对应开关 S1、A1、A2、A3、A4 的 TA 二次回路同步注入故障电流，同时伴随 S1 处模拟保护装置动作，故障线路停电。这时，1 号终端和 2 号终端应正常上报故障电流信息，被测主站获取故障电流信息，并通过 PMS 获取 S1 跳闸信号，应能正常启动 FA，正确推出故障区域隔离和非故障区域转供电策略。

试验时，还可设置一些信息漏报、信息误报、开关拒动、通信中断以及非故障区域重负载等现象，检验被测配电自动化系统的健壮性。表 5-3 为部分典型测试案例。

进行现场试验时，具体接线应根据现场实际接线，参考图 5-4 所示完成，具体操作如下。

（1）将多台继保测试仪、模拟断路器接入电源点到模拟故障点的所有配电终端，继保测试仪和模拟断路器均可由 GPS 实现校时。

（2）继保测试仪分别向配电终端输出超过终端故障电流整定值的模拟故障电流，通过 GPS 对时实现模拟故障电流的同步输出。

故障点	故障信息描述		正确策略
F1	S2 可转供 2 号环网柜和 3 号环网柜所有负荷	A1 漏报过流信息	断开开关 A4、A5, 隔离故障区域;闭合开关 A6, 转供 B1~B4 所有负荷
		A2 通信中断	断开开关 A4、A5, 隔离故障区域;闭合开关 A6, 转供 B1~B4 所有负荷
		A4 拒分	断开开关 A3、A5, 隔离故障区域;闭合开关 A6, 转供 3 号环网柜所有负荷
		A5 拒分	断开开关 A4, 隔离故障区域
	S2 预留容量不足, 仅可转供 B1、B2 所带负荷	A1 漏报过流信息	断开开关 A4、A5, 隔离故障区域;断开开关 B3、B4, 闭合开关 A6, 转供 B1、B2 所带负荷
		A2 通信中断	断开开关 A4、A5, 隔离故障区域;断开开关 B3、B4, 闭合开关 A6, 转供 B1、B2 所带负荷
		A4 拒分	断开开关 A3、A5, 隔离故障区域;断开开关 B3、B4, 闭合开关 A6, 转供 B1、B2 所带负荷
		A5 拒分	断开开关 A4, 隔离故障区域
无	A1 误报过流		滤除误报信息, 不启动 FA
	A4 误报过流		滤除误报信息, 不启动 FA

（3）根据实际继电保护配置情况，模拟断路器同步模拟保护跳闸动作，启动主站系统 FA 功能；

（4）主站系统应能正确启动 FA 功能，并推出正确故障隔离、负荷转供策略。

5.4.6 安全防护试验

1. 配电终端的认证加密解密

配电终端的认证加密解密过程如图 5-6 所示。配电自动化主站发给配电终端的信息：首先用对应的配电终端的公钥对信息进行加密，再用配电自动化主站的私钥对加密的信息进行签名后通过通信信道发送到配电终端；配电终端接收到加密信息后首先用配电自动化系统主站的公钥对其进行解密签名，再用配电终端的私钥解密接收到的主站加密信息，这样就获得了主站发给终端的原始信息。

配电终端发给配电自动化系统主站的信息：首先用配电自动化系统主站的公钥对将要发给主站的信息进行加密，再用配电终端的私钥对加密的信息进行签名后通过通信信道发送到配电自动化系统主站；配电自动化系统主站接收到

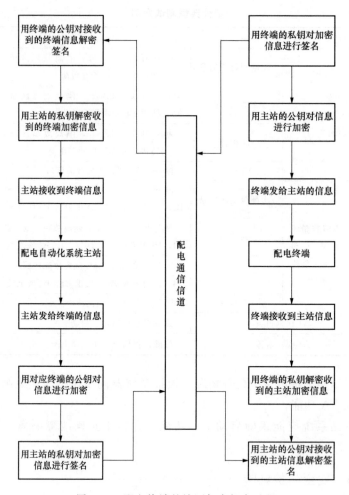

图 5-6　配电终端的认证加密解密过程

加密信息后首先用配电终端的公钥对其进行解密签名，再用配电自动化系统主站的私钥解密接收到的配电终端加密信息，这样就获得终端发给主站的原始信息。

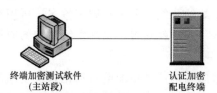

图 5-7　配电终端的认证加密解密测试过程

2. 安全性测试

为了确保配电终端的认证加密技术的顺利实施，搭建如图 5-7 所示的配电终端测试平台，利用信息安全攻防与评测技术模拟环境对配电终端设备进行加密解密的系统安全性测试。

配电自动化系统主站端的认证加密测试软件，主要用来模拟配电自动化系统主站和被测试配电终端进行通信，实现同被测试端进行数据和命令的交互、印证，以此来验证被测配电终端的认证加密解密测试的正确性。

安全性测试项目包括以下几项。

（1）证书测试。发送正确加密报文，配电自动化系统主站和配电终端分别用公钥对信息进行加密，再用私钥对加密的信息进行签名过程进行加密发送与解密接收，测试双方对公钥与私钥认知与操作的正确性。

（2）报文内容测试。在证书测试的基础上，对配电终端的遥控与遥信操作的正确性进行测试。

（3）报文的时间戳测试。对报文的时间戳进行测试，验证发送报文的时间戳超出时效性的检查。

（4）报文差错测试。模拟发送报文中部分字节错误或者发送未加密的遥控报文时，配电终端的处理情况。

（5）密码重置测试。测试公钥和私钥进行变更时，配电终端的处理和适应情况。

（6）认证加密、解密的效率测试。测试采用认证加密、解密安全技术后配电终端的处理效率，主要体现在遥控执行的返校时间是否在标准规定的范围以内。

在配电终端的认证加密、解密测试过程中需要注意是否有公私钥传输错误、时间戳格式错误、遥控返校时间超时等问题，不断总结与改进，提高配电终端的处理能力与应用效率，保证在实际应用过程中的有效性。

5.5　测试方案及报告编制

5.5.1　测试方案编制

在开展配电自动化系统联调前，应针对性编制测试方案，以指导联调试验的正常进行。测试方案包括以下内容。

（1）试验对象。详细描述被测主站的软硬件配置、规模；被测终端的接线；被测线路的接线方式。并根据不同的接线方式制定相应的测试策略，如单联络/单环网线路，仅需测试对侧电源可转供所有非故障停电负荷，无须考虑负荷转供的测试方案；对于两联络及多联络线路，则需全面考虑非故障停电负荷的优化转供测试方案。

（2）测试项目简表。简单描述此次测试涉及的试验项目和试验顺序。

（3）安全措施。全面、仔细排查试验现场可能存在的安全隐患，并制定安全防护措施。

（4）试验方法。详细描述各项项目试验方法，包括接线、测量点、仪器操作、记录等。

（5）测试报告。编制测试报告模板。

5.5.2 测试报告编制

配电自动化系统联调试验报告应包括概述、检测环境、检测依据、检测项目和结论等内容。其中，概述包括终端设备基本信息和主站设备的基本信息，如终端厂家、型号、编号、ID 标识代码、二维码、软件版本等；检测环境包括检测日期、检测地点检测主要仪器和系统；检测主要依据包括检测所用的国家标准、行业标准、地方标准、企业标准以及各类规范等；检测项目是试验报告的主体，这里不再赘述。配电自动化系统联调试验涉及项目较多，篇幅较长，本章截取部分详见表 5-4。

表 5-4　　　　　　　　配电自动化系统联调试验报告样表

终端厂家		终端型号	
终端编号		通信方式	
硬件版本号		ID 号标识代码	
二维码信息			
软件版本		软件校验码	
CT 变比		PT 变比	

1　三遥功能试验

1.1　遥测功能试验

序号	测试项目		测试结果			
1	电压遥测	误差测量	变化量	标准值（V）	遥测值（V）	误差
			$U=0\%U_n$			
			$U=20\%U_n$			
			……			
			结论：			
		越限上传时间	变化量	主站刷新时间	现场注入时间	响应时间/s
			0 V→100V（220V）			
			100 V（220V）→0V			
			……			
			结论：			

序号	测试项目	测试结果			
2	电流遥测	误差测量	变化量	标准值/A	遥测值/A	误差
			$I=0\%I_n$			
			$I=20\%I_n$			
			……			
		结论：				
		越限上传时间	变化量	主站刷新时间	现场注入时间	响应时间/s
			0A→1A（5A）			
			1A（5A）→0A			
			……			
		结论：				

序号	测试项目	测试结果				
3	功率误差		变化量	测量项	标准值/W	遥测值/W	误差
		$U=100\%$ U_n; $PF=0.5$	$I=0\%I_n$	P			
				Q			
			$I=20\%I_n$	P			
				Q			
			……	P			
				Q			
		结论：					

1.2 遥信功能试验

序号	测试项目	测试结果			
1	遥信正确率和传输时间	现场开关状态变位	现场状态变位时间	主站显示的开关变位信号	主站状态刷新时间
		分→合			
		分→合			
		……			
		结论：			

序号	测试项目	测试结果			
2	SOE 分辨率	现场开关变位事件顺序记录		主站 SOE 记录	
		现场开关变位事件	时标	主站解析开关状态	时标
		分→合			
		分→合			
		……			
		结论：			

1.3 遥控功能试验

序号	测试项目	测试结果			
1	遥控正确率和传输时间	遥控命令	遥控命令执行时间	模拟开关单元动作情况	模拟开关单元动作时间
		分→合			
		分→合			
		……			
		结论:			

2 故障信息采集功能试验

序号	测试项目	测试结果	
1	故障信息采集	故障情况	主站接收故障信息
		两相短路	
		两相接地	
		单相接地	
		三相短路	
		结论:	

3 故障处理能力试验

3.1 电缆线路故障处理测试

序号	故障案例	测试结果		
		故障信息指示	故障定位	故障处理策略
1	环网柜母线故障			
2	馈线故障情况一（转供馈线一轻载，一重载，可优化转供）			
3	馈线故障情况二（两转供馈线均重载，可分段转供）			
4	馈线故障情况三（两转供馈线均重载，需切负荷）			
5	……			
结论				

5.6 测试典型案例及问题分析

5.6.1 典型案例

[**案例 1**] 按 5.5.2 节所述遥测精度及上传时间试验方法，对某终端进行电流遥测精度测量，测试结果见表 5-5。输入电流为 0％～100％额定电流时，遥测精度满足要求，当输入电流为 120％额定电流时，其误差为－120％，不满足要求。

表 5-5 遥测精度试验数据

终端型号	—		TA 变比	600：5
测试项目	测试结果			
	变化量	标准值（A）	遥测值（A）	误差（％）
电流误差测量	$I=0％I_n$	0.000 0	0.00	0
	$I=20％I_n$	1.000 0	119.76	－0.20
	$I=40％I_n$	2.000 0	238.08	－0.80
	$I=60％I_n$	3.000 0	360.72	0.20
	$I=80％I_n$	4.000 0	481.20	0.25
	$I=100％I_n$	5.000 0	601.20	0.20
	$I=120％I_n$	6.000 0	－120	－120

[**案例 2**] 按 5.5.2 节所述遥测精度及上传时间试验方法，对某电力公司 4 台终端进行电流遥测精度测量，测量结果见表 5-9。具体情况如下。

（1）终端 1 在输入电流为 0％～80％额定电流以及 120％额定电流时，主站可正常刷新并显示对应遥测值，在输入电流为 100％额定电流时，主站未及时刷新，仍显示上一次试验时的遥测值。

（2）终端 2 在输入电流为 0％～120％额定电流时，主站均无法正常刷新遥测值，显示值均为"0"，手动总召唤后，遥测值正常，并与现场注入电流值匹配。

（3）终端 3 在输入电流为 60％～120％额定电流时，主站遥测值刷新滞后，仍显示上一次试验时的遥测值。手动总召唤后，遥测值正常，与现场注入电流值匹配。

（4）终端 4 在输入电流为 60％～120％额定电流时，主站遥测值刷新滞后，均显示输入值为 40％额定电流时的，遥测值。手动总召唤后，遥测值正常，与现场注入电流值匹配。

表 5 - 6 　　　　　　　　　遥测数据刷新试验结果

终端	标准值（A）	系统遥测值（A）	手动总召唤后系统遥测值（A）	终端	标准值（A）	系统遥测值（A）	手动总召唤后系统遥测值（A）
终端1	0	0	—	终端3	0	0	0
	1	120.12	—		1	119.88	119.76
	2	241.08	—		2	239.88	239.88
	3	362.16	—		3	239.88	359.76
	4	483.12	—		4	360	479.64
	5	483.12	—		5	360	599.52
	6	724.92	—		6	599.52	719.52
终端2	0	0	0	终端4	0	0	0
	1	0	120		1	120	119.88
	2	0	239.76		2	240	240.12
	3	0	359.64		3	240	360.12
	4	0	479.64		4	240	479.52
	5	0	599.52		5	240	599.52
	6	0	719.04		6	240	719.88

[案例3] 按 5.5.2 节所述遥测精度及上传时间试验方法，对某电力公司两台终端进行电流遥测越限上传时间测量，被测终端均采用光纤通信，测量结果见表 5 - 7。具体情况如下。

（1）向终端 1 注入 0A→5A 变化电流时，遥测越限上传时间为 33s，远大于 2s；注入 5A→0A 变化电流时，主站未收到对应的遥测值。

（2）向终端 2 注入 0A→5A 变化电流时，遥测越限上传时间为 35s；注入 5A→0A、0A→2.5A 变化电流时，遥测越限上传时间为 33s，远大于 2s。

表 5 - 7 　　　　　　　　　遥测越限上传时间试验结果

终端	变化量	主站刷新时间	现场注入时间	响应时间（s）
终端1	0A→5A	11.05.49	11.05.16	33
	5A→0A	未接收到遥测值	11.06.06	—
终端2	0A→5A	16.16.21	16.15.44	35
	5A→0A	16.20.27	16.19.54	33
	0A→2.5A	16.23.24	16.22.51	33

[案例 4] 按 5.5.2 节所述遥信正确率及上传时间试验方法，对某电力公司 4 台终端进行遥信上传时间试验时，测量结果见表 5-8。具体情况如下。

（1）终端 1 现场开关变位事件顺序记录时标与主站记录时间偏差较大，约为 15s，其中两次试验中主站 SOE 记录时间甚至早于现场开关变位事件记录时间。

（2）终端 2 现场开关变位事件顺序记录时标与主站记录时间偏差较大，约为 25s。

（3）终端 3 现场开关变位事件顺序记录时标与主站记录时间偏差较大，约为 25s。

（4）终端 4 现场开关变位事件顺序记录时标与主站记录时间偏差较大，约为 25s，其中两次试验中主站 SOE 记录时间甚至早于现场开关变位事件记录时间。

表 5-8　　　　　　　　　　遥信上传时间试验数据

终端	现场开关变位事件顺序记录		主站 SOE 记录	
	现场开关变位事件	时标	主站解析开关状态	时标
终端 1	合→分	11.11.16.919	合→分	11.11.41
	分→合	11.11.20.325	分→合	11.11.44
	合→分	11.11.41.915	合→分	11.11.06
	分→合	11.11.55.158	分→合	11.11.19
终端 2	合→分	16.11.28.840	合→分	16.11.53
	分→合	16.11.32.044	分→合	16.11.56
	合→分	16.11.34.842	合→分	16.11.59
	分→合	16.12.38.468	分→合	16.12.03
	合→分	16.12.40.468	合→分	16.12.05
终端 3	合→分	17.30.19.236	合→分	17.30.43
	分→合	17.30.22.510	分→合	17.30.47
	合→分	17.30.25.406	合→分	17.30.49
	分→合	17.30.27.868	分→合	17.30.52
终端 4	合→分	11：47：44.727	合→分	11：47：10
	分→合	11：47：47.024	分→合	11：47：12
	合→分	11：47：51.392	合→分	11：47：17
	分→合	11：47：54.689	分→合	11：47：20

5.6.2 问题分析

〔案例 1〕的主要问题是归一化值与遥测值的转换系数设置不合理。IEC 60870-5-104 中，遥测值有三种传输格式，即归一化值、标度化值、短浮点数。通常情况下，配电终端的遥测值配置为归一化值，遥测值有两个字节（顺序：低字节、高字节），即 16 位长度，其中最高位为符号位，有效位为 15 位，即 32767，然后通过转换系数，将归一化值转换为遥测值。某些终端为了保证在小电流下的精度要求，会设置一个较大的转换系数，如 32767/5，即归一化值 32767 对应遥测电流 5A，当遥测电流超过 5A 后，其最高位符号位为"1"，最终遥测值将转换为负数。因此，通过配置转换系数并不能根本上解决遥测精度问题，在配电终端测量 TA 质量不高的情况下，转换系数过小，无法保证小电流下的精度，转换系数过大则无法处理故障下的大电流。因此，应在硬件上选择高性能、线性度好的测量 TA，既保证额定电流下的精度，又保证在故障电流（10 倍额定电流）下不饱和且具备一定的精度。

〔案例 2〕、〔案例 3〕、〔案例 4〕原因类似，是由于被测终端制造时间较早，其通信采用串口方式，后期为适应光纤通信，在终端处增加串口转以太网接口，将数据通过光纤通道传至主站。由于串口通信速率较慢，加之串口转以太网的协议转换时间，导致遥测刷新缓慢甚至不刷新、遥测越限上传时间和遥信上传时间不满足要求等。

第 6 章

配电自动化相关新设备试验

随着用户对用电可靠性越来越高的要求以及配电自动化建设的迅速发展，各类配电网自动开关新技术和新设备应运而生，如分界开关、分布智能型配电终端等。分界开关又称看门狗，是一种用在电网和用户产权分界处的配电开关设备，根据开关一次本体的不同分为分界断路器和分界负荷开关，主要用于切除用户界内故障，保证配电网的正常运行。分布智能型配电终端是高级配电自动化的产物，具备终端之间点对点数据交换功能，实现了智能分布式 FA，快速进行故障隔离和恢复供电。

分界开关、分布智能型配电终端为智能配电网的发展起到积极促进作用，但作为新兴产品，目前暂无专业的、量产化的检测工具，如何检测其质量水平显得尤为迫切和重要。本文从分界开关构成入手，分别针对分界开关本体、终端以及成套设备进行功能和性能试验；结合传统配电自动化终端以及分布智能型配电终端在现场的运行经验，重点描述分布式 FA 策略的测试方法。

6.1　配电自动化新设备类型及应用

6.1.1　分界开关

1. 分界开关定义与功能

随着国民经济的高速发展，配电网建设的过程中 10kV 配电线路主网不断改良，安全运行率趋于稳定，但在配电线路用户 T 接点（也是供电部门与用户的责任分界点）处，一般仅安装分界隔离刀闸作为线路控制设备，在用户变压器高压侧安装跌落式熔断器或断路器。当 T 接的用户内部发生故障时，如故障发生在用户进线路，或故障虽发生在用户保护设备的内侧，但其继电保护动手时限与供电公司变电站出线保护动作时限配合不当时，均会导致变电站保护动作，如果故障性质是永久的，变电站重合不成功，则一个中压用户的事故将使整条配电线路停电，从而产生波及停电。

分界开关具备以下功能。

（1）自动切除单相接地故障。当用户支线发生单相接地故障时，分界开关自动分闸，甩掉故障支线，保证变电站及馈线上的其他分支用户安全运行。

（2）切除相间短路故障。当用户支线发生相间短路故障时，根据分界开关性质设定不同的动作逻辑。

1）若为分界断路器，则控制器保护跳闸后，立即分闸甩掉故障线路。

2）若为分界负荷开关，控制器通过 A 相和 C 相的贯穿式 TA 检测到相间短路电流后（即 I_a 或 I_c 超过所设定的短路电流定值），则记忆该过流状态。当变电站出线开关保护分闸后，控制器测到线路电压小于低电压闭锁值，且相电流小于闭锁电流值时开始启动分闸计时。当计时时间达到延时时间整定值后，控制器判断线路无压无流时，发出分闸命令使开关分闸，同时令控制器闭锁，隔离故障。当变电站出线断路器重合闸后，用户分界负荷开关已可靠分闸，达到隔离用户故障区域的目的。

（3）迅速定位故障支线。故障造成分界开关动作后，可以通过无线通信主动将故障信息发给电力部门管理人员的手机上，协助迅速明确故障原因和故障支线，及时进行现场处理，使故障线路尽早恢复供电。

（4）监控用户负荷。分界开关可将检测数据传送至电力管理中心，实现对远方负荷的实时监控。

2. 分界开关应用

分界开关的安装地点选择原则如下：

（1）企业用户进线侧。通常企业用户除了进线柜、计量柜外，还有自己的高压配电室，有的企业不止一台变压器，而这些设备在管理使用过程中，由于设备本身质量、外力破坏、操作不当等原因造成的相间短路、接地故障易反映到供电企业的变电站里，变电站保护动作后，势必会造成全线停电。在企业用户进线侧安装分界开关便可避免这种企业内部故障引起的大面积停电现象的发生。

（2）故障频发分支线路。山区线路或部分城网线路上会有 1～2 条分支线故障多发，严重影响整条线路的供电可靠性。在这类分支线路上安装分界开关，就能将故障分支线路及时隔离，有利于主干线路正常供电。

（3）通信信号稳定。为了确保分界开关配套的通信模块能正常发送故障提示信息，要求安装环境具有稳定的通信信号。因此，通信模块的安装位置不宜处于通信信号较弱的山凹中，通信天线尽量长和高，安装前应测试信号的强弱，通信不稳定但却有需求的，可考虑光纤通信。

6.1.2 分布智能型配电终端

1. 分布智能型配电终端定义与功能

按照故障处理方式的不同，馈线自动化的模式可以分为就地型和集中型两大类。其中就地型包括重合器方式和智能分布式，集中型主要包括半自动方式和全自动方式两种，具体见表 6-1。

表 6-1   馈线自动化的主要模式

馈线自动化模式		实现方式	性能要求
就地型	重合器方式	重合器与电压-时间型分段器	故障识别、隔离及恢复时间≤6min
		重合器与过流脉冲计数型分段器	故障识别、隔离及恢复时间≤6min
		合闸速断配合	故障识别、隔离及恢复时间≤6min
	智能分布式	Goose 邻域交互式（光通信）	故障识别、隔离及恢复时间≤5s
		EPON 邻域交互式（光通信）	故障识别、隔离及恢复时间≤10s
集中型	半自动方式		故障识别时间≤6min，隔离及恢复时间≤15min
	全自动方式		故障识别时间≤3min、隔离及恢复时间≤5min

智能分布式 FA 已从研发阶段逐步走向现场应用，通过分布智能型配电终端与相邻终端设备之间的快速通信信息交换，配电自动化终端根据自己检测到的信息和收到的相邻终端的信息，智能化判断是否跳闸隔离故障、联络开关是否合闸恢复健全区域供电，避免了故障区段上游因故障处理需要而短暂停电，健全区域恢复供电，而且也比集中智能模式快。

分布智能型配电终端就是实现智能分布式 FA 的终端设备，基于通用面向对象变电站事件（GOOSE）的高速网络通信方式，实现终端之间点对点通信，配电终端之间的故障处理逻辑实现故障隔离和非故障区域恢复供电，配电主站不参与协调与控制，事后配电终端将故障处理的结果上报给配电主站。分布智能方式要求配电终端具备现有普通配电终端不具备的智能性，即要求智能终端能够提供线路的全拓扑模型或能够与相邻配电终端之间进行发送故障信息和开关拒动信息，通过相邻配电终端间的信息配合，实现对故障的自动快速自愈功能。

2. 分布智能型配电终端的应用

分布式智能适用于对供电可靠性要求很高的区域配电网。分布式智能的馈线自动化实现方式有多种，在此介绍的邻域交互快速保护配合方式就是智能分布式的典型方法。国内外已有应用基于 IP 网的分布式智能控制实现配电网保护、馈线自动化（FA）的研究报道，但大多停留在一个具体应用系统的开发上，缺少对通信组网方式、数据与信息交换模型、实时数据快速对等交换技术、控制机理与算法的深入研究，还没有形成系统的技术体系。本文介绍一种利用配电终端接力查询式实时拓扑识别方法，以及利用以太网的实时数据快速传递技术，解决了分布式智能控制的关键技术。

一个典型的具有分布式智能控制功能的配网自动化系统如图 6-1 所示。FTU 之间通过点对点对等通信网络（如光纤工业以太网）交换故障与控制信息，不依赖于主站，实现线路故障的定位、自动隔离与供电恢复。

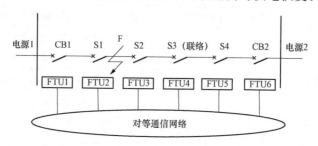

图 6-1　架空线路分布式智能 FA 系统

假设 F 点发生永久故障，变电站出口断路器 CB1 跳闸并重合失败后，检测到过流现象的 FTU 启动 FA 算法，并与相邻 FTU 交换故障检测信息。故障点上游分段开关处的 FTU2 检测到故障信息，而故障点下游分段开关处的 FTU3 未检测到故障信息，因此判断出故障位于 FTU2 与 FTU3 之间，FTU2 与 FTU3 分别控制 S1 和 S2 跳闸隔离故障，然后发出启动恢复供电信号，FTU1 与 FTU4 分别控制 CB1 与 S3 合闸，恢复非故障区段供电。

6.2　分界开关试验

6.2.1　分界开关概述及分类

分界开关是将线路分段开关和微机保护测控以及通信融为一体的装置，安装于中压线路的 T 接分支或者末端，俗称"看门狗"，是供电公司和用户划分中压配电线路不同管辖范围的分界点。分界开关可自动判别和隔离用户支线故障，避免用户侧事故对配电网造成波及停电影响。分界开关包括开关本体和开关控制器两个部分，如图 6-2 所示。

1. 分界开关分类

分界开关由开关本体和控制器两大部分组成，通过航空插座及户外密封控制电缆进行电气连接。分界开关根据开关本体的类型可分为分界断路器和分界负荷开关。

开关本体

测控单元

图 6-2　分界开关

（1）用户分界负荷开关。当用户分界开关配用负荷开关作为主开关时，称为用户分界负荷开关，分界负荷开关应保证在变电站出线开关跳闸之后及重合闸之前完成故障隔离，期间分界负荷开关根据检测到的过流信号和失压信号进行故障逻辑判断。

（2）用户分界断路器。当用户分界开关配用断路器作为主开关时，称为用户分界断路器，分界断路器可根据检测到的过流信号直接分闸隔离故障。

分界开关根据开关遥控功能的类型可分为二遥标准型分界开关和二遥动作型分界开关和三遥型分界开关。

（1）二遥标准型分界开关。不具备任何遥控功能，具备遥信和遥测功能。

（2）二遥动作型分界开关。具备本地遥控功能，其余功能与二遥标准型分界开关相同。

（3）三遥型分界开关。具备远程和本地遥控功能，其余功能与二遥标准型分界开关相同。

2. 分界开关结构

图 6-3 所示为二遥动作型分界开关的构成。分界开关安装于馈线分支/用户责任分界点，本体含一个或两个电压互感器，采集的电能作为控制器的电源，同时用来检测线路的两相电流。开关内置 A、C 相电流互感器、零序电流互感器，能检测负荷电流、零序电流、故障电流，具有遥测、遥信、遥控功能，配置通信模块后可上传开关位置信息、开关变位信号、相电流值、零序电流值、电压值、越限告警信号、装置告警信号，可远方控制开关分闸。它可以灵活配套 GPRS/CDMA、光纤、载波通信或 3G 模块，兼容不同的通信方式。线路正常运行时，分界开关控制器在接收到数据召唤命令后，可以上传遥信、遥测及 SOE 数据，也可以执行远方分闸命令使开关脱扣分闸。检测到界内相间短路故障后记忆故障状态，当上级开关跳闸线路无压无流后延时 300ms 分闸，自动隔离相间故障。检测到界内单相接地故障立即跳闸（可设置跳闸时限），自动切除单相接地故障。

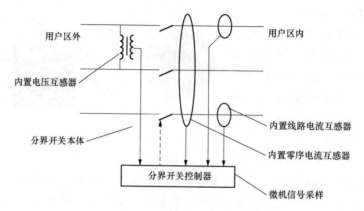

图 6-3 分界负荷开关的构成原理

6.2.2 测试系统与软硬件配置

1.测试系统

分界开关的测试分为开关本体、控制单元、成套测试三部分。

（1）开关本体单元。分界开关的开关本体单元检测仪器与普通的刀闸开关相同，主要采用回路电阻测试仪测试回路电阻，采用工频电压仪器测试相对地、相间、断口间的耐压，采用机械特性测试仪测试机械操作特性、并联分闸脱钩器和并联合闸脱钩器的动作电压范围。

（2）控制单元。分界开关的控制单元功能与配电自动化终端类似，因此可以使用配电自动化终端的检测仪器，其测试系统如图 2-1 所示，这里不再阐述。

（3）成套。分界开关的成套检测平台较为复杂，需同时具备一、二次模拟检测仪器，一次输出电压 10kV，输出电流范围 0～1kA，二次部分需可模拟遥控和故障信息，具备采集遥测和遥信的功能。如图 6-4 所示，成套检测平台包括三相升流/升压装置、馈线多态仿真柜、故障仿真柜、控制装置、互感器等设备。检测平台用两条线路分别模拟线路上的高电压、大电流。其中被测开关本体的电流端子直接串联在一次电流线路中，电压端子并联在一次电压回路中，此方法更加接近现场条件，而且降低了运行功率。

2.软硬件配置

控制单元的软硬件配置见 2.2 节内容，其余部分见表 6-2。其中计量仪器需经校验合格并在有效期内。

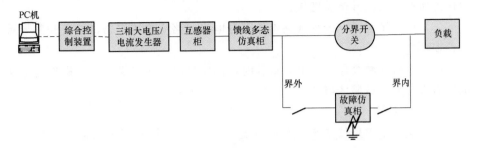

图 6 - 4　分界开关成套装置检测平台

表 6 - 2　　　　　　　　　　　　试验设备

序号	设备名称	测试用途
1	开关特性测试仪	开关机械试验
2	直流电源	合分闸特性测试
3	试验调压器	合分闸特性测试
4	TA变比测试仪	TA变比精度测量
5	大电流发生器	保护动作测试
6	继电保护测试仪	保护动作测试
7	数字万用表	综合测试
8	三相升流/升压装置	产生三相大电流和大电压，作故障电流的输入量
9	馈线多态仿真柜	内设可调电阻、电感和电容，仿真任一长度和型号电缆和架空线
10	分界开关一次部分开关接头	用于连接不同的型号的分界开关
11	故障仿真柜	仿真界内和界外永久性故障接地和短路故障的装置
12	综合控制装置	可远程监控除PC机外所有设备的装置
13	互感器柜	获取故障线路的电压电流数据，并将比例缩小的值发送给综合控制装置

6.2.3　测试条件

1. 测试前准备工作

（1）本体部分耐压与绝缘、回路电阻试验时，应做好安全监护工作，试验完毕后应对被测设备完全放电。

（2）本体部分进行高压、大电流试验时，操作员应站在绝缘垫上，操作前应保证所有人员离开试验区域。

（3）成套试验时，分界开关本体部分电流回路应连接牢固，以免开路导致仪器损坏。

（4）进行成套高压、大电流试验时，操作员应站在绝缘垫上，操作前应保证所有人员离开试验区域。

2. 环境条件

（1）实验室内条件要求。最高气温＋40℃（户外）；最低气温－15℃（户外）。

（2）现场环境条件要求。现场工作场所海拔高度不超过1000m，无爆炸危险，无腐蚀性气体及导电尘埃，无严重霉菌存在，无剧烈震动冲击源。

6.2.4　测试项目及方法

分界开关控制部分与传统DTU、FTU的检测内容类似。因此，下文详细介绍本体单元与成套功能试验。主要测试内容见表6-3。

表6-3　　　　　　　　　　　试验项目

序号	试验项目	序号	试验项目
本体单元试验项目			
1	外观检查	2	回路电阻试验
3	绝缘与耐压试验	4	操作特性试验
5	机械特性试验		
控制单元试验项目			
6	外观检测	7	绝缘电阻试验
8	交流电压基本误差试验	9	交流电流基本误差试验
10	频率基本误差试验	11	功率因数基本误差试验
12	输入量频率变化引起的该变量检测试验	13	输入测量电流变化引起的该变量检测试验
14	被测量超限引起的变化量检测试验	15	电源电压影响量试验
16	遥信状态正确性试验	17	时间顺序记录SOE分辨率试验
18	故障电流基本误差检测试验	19	识别馈线发生短路故障功能试验
成套试验项目			
20	开关分合、储能和手柄状态遥信功能试验	21	遥测过流故障信息功能检测试验
22	就地控制功能检测试验	23	远方遥控功能检测试验
24	相间保护动作告警试验	25	电流闭锁值试验
26	模拟两相短路故障试验		

1. 本体单元外观检查

（1）目测法本体无明显碰伤、变形，无破损。

（2）运用直尺检查本体的相间距离和相对地距离，测试结果应大于 125mm。

2. 本体单元回路电阻试验

采用回路电阻测试仪对本体的回路电阻进行测试，测试时选用电流挡位为 100A。断路器应处于合闸状态。清除断路器接线排的氧化膜。将回路电阻测试仪的电流钳和电压钳夹在本体的接线排上，测试钳应和接线排接触良好，并保证有足够的压力。电流钳和电压钳的极性应一致，检查接线，确保接触良好、接线正确后进行测试。测试数据应不大于制造厂规定值的 1.2 倍，同时应符合订货技术协议、设计文件及相关标准。

3. 本体单元绝缘与耐压试验

本体的工频耐压应包括相对地、相间、断口间的耐压，耐压前应对本体进行绝缘电阻测量，在绝缘电阻符合规定值时方可进行耐压试验。试验过程中电压应无明显下降，电流无明显变大，且不发生放电闪络。耐压试验完毕后应再次对其进行绝缘电阻测试，且测试值应该与耐压前的值无明显变化。1min 工频耐受电压要求达到表 6-4 中的数值。

表 6-4 　　　　　　　　　　　本体单元 1min 工频耐受电压

电压等级（kV）	相间、相对地（kV）	断口（kV）
12	42	48
24	50	60
40.5	95	110

4. 本体单元操作特性试验

机械操作试验包括测量并联分闸脱钩器和并联合闸脱钩器的动作电压范围。合闸脱扣器分别在额定电源电压的 30%、80%、110% 三个电压值下进行测试。在额定电源电压的 80% 与 110% 下应可靠动作，在额定电源电压的 30% 下不应动作。分闸脱扣器分别在额定电源电压的 30%、65%（直流）或 80%（交流）、110% 三个电压值下进行测试。在额定电源电压的 80% 与 110% 下应可靠动作，在额定电源电压的 30% 下不应动作。在操作中若分合闸脱扣器都能正常动作，则说明分合闸脱扣器完好。机械操作试验次数由订货单位和制造商共同商定。

5. 本体单元机械特性试验

断路器机械特性包括测量断路器的分、合闸时间及不同期，辅助开关的切换与主断口动作的配合时间和测量断路器的合—分时间。触头开距、超程、分闸时间、合闸时间、弹簧储能时间等应符合制造厂商规定。排除特殊要求外，三相合闸不同期不大于 2ms，三相分闸不同期不大于 2ms。真空断路器合闸弹跳，40.5kV 以下不应超过 2ms，40.5kV 以上不应超过 3ms；分闸弹跳不应超过额定开距的 20%。

6. 控制单元试验

详细测试方法见第 2 章。

7. 开关分合、储能和手柄状态遥信功能检测

分界开关成套设备正常连接，并上电后，手动操作改变开关合、分、储能，维护软件通过通信口可读取遥信变位信息。开关分合、储能、控制器手柄分合多次在不同指示位置时，维护软件通过通信口可正确读出遥信变位信息，且正确率为 100%。

8. 遥测过流故障信息功能检测

分界开关成套设备中的本体部分连接综合测试平台后，根据分界开关的动作电流配置，平台输出大于配置动作值的电流，分界开关应主动上送过流信号。多次过流后，维护软件通过通信口可正确读出遥测过流故障信息，且正确率为 100%。

9. 就地控制功能检测

将"就地/远方"选择开关旋至"就地"挡，操作控制部分面板上分闸、合闸按钮，各测试 10 次。开关本体应正确动作，且正确率为 100%。

10. 远方遥控功能检测

采用配套调试软件做遥控输出测试，遥控分和遥控合各测试 10 次，开关本体应正确动作。开关本体应正确动作，且正确率为 100%。

11. 相间保护动作告警

连接分界开关控制终端；调节综合测试平台的单相分挡装置挡位，控制单相升流装置过流电流量，持续 0.5s 后撤除；撤除电流和终端外接电源后，确认输出分闸信号，故障灯闪烁（杆下可见）。控制器可手动按钮复位告警指示。加量撤除后，计时 20s，撤除控制器电源，确认无分闸信号输出。计时小于 5s，撤除控制器电源，确认分闸输出。不同动作值时，故障后，断路器分闸且分闸指示灯闪烁。

12. 电流闭锁值试验（适用负荷开关）

调节单相分挡装置的挡位，控制综合测试平台的单相升流装置从 A 相或 C

相与零序输出电流值，二次电流值不超过相序保护用电流互感器额定二次电流值的 1％；控制部分闭锁灯亮，且本体部分开关未动作。不同动作值时，故障后，断路器不动作且分闸指示灯闪烁。

13. 模拟两相短路故障试验

关闭控制终端的相间保护和接地保护，调节综合测试平台的单相分挡装置的挡位，控制单相升流装置从 A 相或 C 相与零序输出短路电流；确认输出分闸信号，故障灯闪烁（杆下可见）。故障后，断路器分闸且分闸指示灯闪烁。

6.2.5 测试方案及报告编制

1. 试验方案编制

不论是实验室检测还是现场检测，开始工作前，都应准备编制相关的试验方案，内容包括目的、依据、试验项目及建议顺序、环境条件、仪器设备、试验方法与步骤、数据处理及结果判定、注意事项、记录表格。

（1）试验对象。详细描述被测故障指示器制造商、型号、编号、故障判据、使用仪器的有效期等。

（2）测试项目简表。简单描述此次测试涉及的试验项目和试验顺序。

（3）安全措施。全面、仔细排查试验现场可能存在的安全隐患，并制定安全防护措施。

（4）试验方法。详细描述各项项目试验方法，包括接线、测量点、仪器操作、记录等。

（5）测试报告。编制测试报告模板。

2. 测试报告编制

分布式智能型终端的测试报告可参照第 2 章和第 5 章编制，试验涉及项目较多，篇幅较长，本章截取部分内容详见表 6-5～表 6-8。

表 6-5　　　　　　　　　　　部分现场试验报告

序号	检测项	变化量	$f=$ 50Hz	$f=$ 45Hz	$f=$ 55Hz	变差计算		要求范围	结论
						45Hz 与 50Hz	55Hz 与 50Hz		
1	I_a	$U=100\%U_n$						电流测量变差不超过±0.5%	
2	I_b	$I=100\%I_n$							
3	I_c	$\varphi=0°$							

表 6 - 6   部分现场试验报告

序号	检测项目	断路器分闸	控制器分闸指示灯闪烁	故障信息上报	要求范围	结论
1	永久性界内两相短路故障功能试验				设定动作值，故障后，断路器分闸且分闸指示灯闪烁	

表 6 - 7   部分现场试验报告

序号	要求范围	检测结果	结论
1	保存遥控记录最近至少 10 次动作指令		

表 6 - 8   部分现场试验报告

序号	要求范围	检测结果	结论
1	可实现变位遥信的 SOE 时间记录处理及上传		

6.2.6　试验典型案例及问题分析

[**案例 1**] 用户侧发生接地故障时，某厂家的分界开关已安装，但拒动。技术员对分界开关进行短路故障、精度、点表测试，发现短路故障正常动作，采样精度误差正常，但点表中电流变比配置错误。

引起该现象的原因是部分厂家的分界开关针对接地故障时，采用主站研判非本地研判手段，在发生接地故障时，分界开关因电场下降启动研判，分界开关的互感器也正确测量到电流值，但由于点表配置错误，送到主站的电流值比实际值偏低，导致误动作。

[**案例 2**] 某生产厂家的分界开关频繁动作。技术员对分界开关进行短路故障、精度、点表测试，发现短路故障正常动作，采样精度符合要求，点表配置正确。后派运维人员前往现场，发现线路经过处与树枝距离过近，砍伐后，频繁动作现场消失。

引起该现象的原因是当树线矛盾、雷击等引起的瞬时性故障时，该类型故障有可能因故障值小于录波启动阈值未被用采系统、配电自动化终端等采集到，被误判定为误动作。

6.3 分布智能型终端试验

6.3.1 分布智能型终端分类及概述

分布智能型终端基于通用面向对象变电站事件（GOOSE）的高速网络通信方式，实现终端之间点对点通信，配电终端之间的故障处理逻辑，实现故障隔离和非故障区域恢复供电，配电主站不参与协调与控制，事后配电终端将故障处理的结果上报给配电主站。

分布智能型终端是实现分布智能馈线自动化的重要组成部分，具备现有普通配电终端不具备的智能性，包括以下两点。

（1）采集处理当地设备运行数据，与主站通信，实现配网自动化功能。

（2）相邻终端之间通过以太网对等交换实时数据，实现分布式智能控制，完成广域保护、故障隔离与恢复供电控制等故障自愈应用功能。

图 6-5 所示为两种分布智能型终端结构。

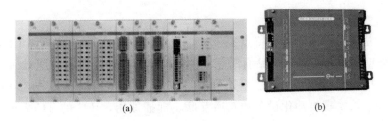

(a)   (b)

图 6-5　分布智能型终端外形图

(a) 插箱式结构；(b) 平铺式结构

1. 软硬件技术

分布智能型终端的硬件设计应用数字信号处理器（DSP）、RISC 微处理器（MCU）、大规模现场可编程逻辑阵列（FPGA）等，具有强大的数据处理与存储能力。接口电路模块化、标准化、规范化，可根据工程需要灵活选配。设计高输入阻抗、弱模拟信号输入接口电路与数字采样值输入接口电路，实现电压电流传感器、数字互感器的接入。利用超级电容提供备用电源，解决蓄电池储能带来的维护与寿命问题。

软件设计采图 6-6 所示的层次化、模块化结构。应用程序通过 API（应用程序访问接口）访问底层资源和数据，实现数据与应用的分离；支持动态加载、卸载应用程序，可以方便地扩展新的应用功能与通信规约。采用 Linux2.6

实时多任务操作系统，开发包括接口驱动程序、数据采集与处理、通信等软件模块在内的应用程序支撑软件。

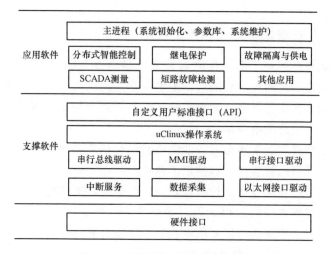

图 6-6　分布智能型终端软件框架

2. 遵循 IEC61850 标准

就其发挥的作用与通信特点来说，配电网广域测控系统（WAMCS）中的分布智能型终端相当于变电站自动化系统的间隔层智能设备（IED），而其主站与变电站自动化系统的站控层主站类似，因此，完全可以把 IEC61850 标准用于 WAMCS，实现自动化设备的互通互联、即插即用。IEC 的 TC57 委员会已经启动了将 IEC61850 扩展到智能配电网领域的工作，并已正式颁布了 DER 监控数据模型，其成果可直接用于 WAMCS。

（1）分布智能型终端模型。目前的 IEC 61850 对变电站自动化设备的建模已经比较成熟，应用到配网中时，需要对智能终端进行合理的建模，包括柱上开关、环网柜、开闭所的分布智能型终端等。

对于智能终端的建模要尽量采用 IEC 61850 中已有的 LN（Logical Node，逻辑节点），这样可以保证模型的一致性。对于配网自动化中一些专用功能，如小电流接地保护等，需要结合配电网和配电线路的特点，进行信息建模，增加新的 LN（如 PSPE，小电流接地保护）。

以柱上开关为例建立分布智能型终端设备模型如图 6-7 所示。将 FTU 分成 3 个 LD（Logical Device，逻辑设备），即 LD1、LD2 和 LD3。LD1 主要完成常规的 SCADA 功能，实现遥信、遥测、遥控。LD2 主要完成保护和故障检测功能。LD3 主要完成智能电源管理模块。每个逻辑设备都包含 LLN0 和

LPHD，LLN0 包含物理装置 IED 的相关信息，控制 IED 自检等，LPDH 为物理装置的公共信息建模，如铭牌信息、装置自检结果等。

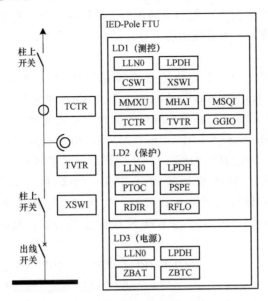

图 6-7　柱上开关 FTU 信息模型

图 6-7 定义的模型中基本上都是采用了 IEC 61850-7-4 中定义的 LN，ZBTC 在 IEC 61850-7-360 中定义，PSPE（小电流接地故障）为新增的 LN。

（2）信息交换模型。IEC 61850-7-2 定义了比较完备的抽象服务接口（Abstract Communication service Interface，ASCI），包括基本模型规范和信息交换服务模型，信息交换服务模型包括核心服务、通用变电站事件（Generic Substation Event，GSE）模型、采样值（Sample Value，SV）传输模型、时间同步等。

1）核心服务。核心服务采用 Client/Server 模式，支持 Server、Association 等模型，能够实现数据的获取和检索、设备控制、事项报告和日志、发布/订阅、设备的自描述等。

核心服务是配网自动化通信的基础，主站与终端、终端与终端之间的通信都需要支持核心服务。

2）GSE 模型。通用变电站事件 GSE 包括面向通用对象的变电站事件（Generic Object Oriented Substation Events，GOOSE）和通用变电站状态事件（Generic Substation Status Event，GSSE）。GSE 采用广播方式，对传输的延时有严格的限制。

GOOSE 是 IEC 61850 定义的一种通信机制，用于快速传输变电站事件（如命令、告警等）。GOOSE 利用了 VLAN 和优先等级等以太网特性，能够实现传输时间小于 4ms 要求。配网自动化对于通信的实时性要求比较低，并且终端设备的数量比较大，为避免出现大量广播信息造成网络的堵塞，建议不采用GOOSE 模型。

（3）服务映射。ACSI 的具体报文及编码需要通过特定通信服务映射（Specific Communication Service Mapping，SCSM）映射到具体的实现方式上。对于核心服务的实现方式，目前比较可行的映射方式有映射到制造业报文规范（Manufacturing Message Specification，MMS）和映射到 IEC 60870 - 5 - 101/104 以及 Web Service。IEC 61850 - 8 - 1 中详细定义了客户/服务器模型映射到MMS 的实现方式。MMS 底层采用 TCP/IP，编码格式采用 ASN. 1。采用MMS，对智能终端硬件资源要求比较高，实现起来比较复杂。本项目组采用映射到 IEC 60870 - 5 - 101/104 与 Web Service 上的方式，具有简单、易于实现的优点。

IEC TC57 制订了 IEC 61850 与 IEC 60870 - 5 - 101/104 之间信息交换的导则 IEC 61850 - 80 - 1。通过 IEC 61850 - 80 - 1 可以完成 IEC 61850 向 IEC 60870 - 5 - 101/104 的数据模型的映射，用于变电站与控制中心的通信。IEC 61850 - 80 - 1 对于信息模型能够很好地进行映射，但对服务模型支持得不够好，如Server 的 GetServerDirectory、Logical Device 的 GetLogical - DeviceDirectory 等偏重于信息模型自描述的部分在 IEC 60870 - 5 - 101/104 中没有相应的实现。这主要是由于两种标准所采用模型不一致造成的，对于这些不能映射的部分可以采用 Web Service、文件传输，或者对 IEC 60870 进行扩展，添加相关的应用来实现。

3. 分布智能型终端技术指标

（1）最高采样频率：12.8kHz。

（2）A/D 位数：16 位。

（3）模拟量输入路数：最大 48 路。

（4）开关量最大输入路数：64 路。

（5）遥控量最大输出路数：16 路（对）。

（6）开关量最大输出路数：16 路。

（7）工作环境温度：$-40 \sim +85℃$。

（8）分布式智能控制智能终端之间实时数据传输延迟小于 10ms。

（9）广域保护动作时间小于 0.1s。

（10）故障快速隔离时间小于 0.5s。

（11）故障快速恢复时间小于 2s。

6.3.2 测试系统与软硬件配置

分布智能型终端的测试系统可以沿用传统配电终端的测试系统，根据不同测试项目选用不同测试系统。

（1）分布智能型终端基本功能测试包括遥测精度、遥信正确率、遥控成功率、SOE 分辨率以及绝缘性能、电磁兼容试验等，其测试系统如图 2-1 所示。

（2）分布智能型终端分布式 FA 功能包括 FA 防误启动、FA 性能试验等，其测试系统如图 5-3 所示。

6.3.3 测试条件

1. 测试前准备工作

（1）技术措施。

1）详细了解配电终端及相关设备的运行情况，据此制定在试验过程中确保系统安全稳定运行的技术措施。

2）熟悉终端接线及主站系统架构、配置，了解相关参数定义，核对主站信息。

3）按相关安全生产管理规定办理工作许可手续。

4）试验现场应提供安全可靠的独立试验电源，禁止从运行设备上接取试验电源。

5）检查配电终端的状态信号是否与主站显示相对应，检查主站的控制对象和现场实际开关是否相符。

6）解开配电终端与一次设备的控制电缆并标记清楚，并将开关"远方/就地"旋钮旋至"就地"，防止遥控功能试验时误跳在运行开关。

7）解开配电终端与 TA、TV 的接线并标记清楚，并将 TA 二次短接，TV 二次开路。

（2）系统"三遥"、故障报警、数据上传时延功能测试准备。随机选取一条已实现馈线自动化的线路，对安装在线路上的终端开展遥测功能测试。待测终端与环网柜的互感器断开，与继电保护断开；将被测终端的遥测、遥信、遥控接线引出并做好标记。现场准备电参数发生装置、遥信信号发生装置、遥控执行装置、标准表、对讲机、秒表等。

（3）主站纵向安全防护测试准备。便携式计算机一台，主站纵向安全防护测试软件一套。在主站前置库中添加一个装有加密装置的终端，主站端的规约需要配置加密的 104 规约，加密方式为 ECC。

2. 环境条件

（1）实验室环境条件要求。除非另有规定，各项试验均在以下大气条件下进行。

1）温度：$-40\sim+70℃$；最大变化率：$1.0℃/min$。

2）相对湿度为 $25\%\sim75\%$；最大绝对湿度为 $35g/m^3$。

3）大气压力：$70\sim106kPa$。

在每一项目的试验期间，大气环境条件应相对稳定。

（2）现场环境条件要求。现场工作场所无爆炸危险，无腐蚀性气体及导电尘埃，无严重霉菌存在，无剧烈震动冲击源。

3. 电源条件

试验时电源条件为如下。

（1）频率：$50Hz$，允许偏差 $-2\%\sim+1\%$；

（2）电压：$220V$，允许偏差 $-20\%\sim+20\%$。

6.3.4 测试项目与方法

分布式智能型终端与传统 DTU、FTU 的最大区别在于其具备就地分布式 FA 功能，因此，除了需对其本体的遥测、遥信、遥控功能以及绝缘性能、电磁兼容等进行试验，还需进行通信协议和分布式 FA 功能试验。分布式智能型终端的遥测、遥信、遥控功能以及绝缘性能、电磁兼容等试验与传统配电终端相似，这里不再赘述。下文详细介绍分布式 FA 功能试验。

1. 分布式 FA 防误启动试验

（1）手动分合闸试验。手动操作分合线路上任意开关，分布智能型终端正常上送开关动作遥信信号，且分布式 FA 功能应不误启动，其他开关均不动作。

（2）遥控分合闸实验。通过遥控方式分合线路上任意开关，分布智能型终端正常上送开关动作遥信信号，且分布式 FA 功能应不误启动，其他开关均不动作。

2. 分布式 FA 故障处理能力测试

以图 6-8 所示过程为例，说明测试分布式智能型终端 FA 处理性能的过程。

（1）变电站出口处故障。正常运行方式下，开关 5 为联络开关。在电源 A 与开关 1 之间发生永久性短路故障，开关 1 处保护动作，开关 1 分闸，不同情况下的分布式 FA 动作逻辑如下。

1）正常运行方式下分布式 FA 正确动作逻辑为：环网柜 3 处的终端接收到开关 1 分闸信号，联络开关 5 合闸，恢复非故障停电区段，FA 结束。

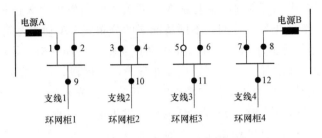

图 6-8 分布智能 FA 测试案例

2）开关拒动。当开关 1 保护动作时，开关 1 应分未分，FA 应不启动。

3）开关误动。当本应由开关 1 保护动作、开关 1 跳闸，但开关 2 误分闸，此时 FA 应不启动。

4）通信中断。FA 执行过程中发生通信中断。

a. 环网柜 1 通信中断。由于环网柜 1 通信中断，开关 1 分闸信号无法传递到环网柜 3 处的终端，FA 不启动，开关 5 不进行相关动作。

b. 环网柜 2 通信中断。由于环网柜 2 通信中断，环网柜 3 处的终端无法接收到开关 1 分闸信号，FA 不启动，开关 5 不进行相关动作。

5）检修状态。环网柜 3 处于检修状态，开关 5、6 处于分闸状态，此时分布式 FA 正确动作逻辑为：由于环网柜 3 处于检修状态，联络开关 5 闭锁不合闸，FA 不启动。

当联络开关设为开关 1，在电源 B 与开关 8 之间发生永久性短路故障，开关 8 处保护动作，开关 8 分闸，不同情况下的分布式 FA 动作逻辑如下。

1）正常运行方式下分布式 FA 正确动作逻辑为：环网柜 1 处的终端接收到开关 8 分闸信号，联络开关 1 合闸，恢复非故障停电区段，FA 结束。

2）开关拒动。当开关 8 保护动作时，开关 8 应分未分，FA 应不启动。

3）开关误动。当本应由开关 8 保护动作，开关 8 跳闸，但开关 7 误分闸，此时 FA 应不启动。

4）通信中断。FA 执行过程中发生通信中断。

a. 环网柜 4 通信中断。由于环网柜 4 通信中断，开关 8 分闸信号无法传递到环网柜 1 处的终端，FA 不启动，开关 1 不进行相关动作。

b. 环网柜 3 通信中断。由于环网柜 3 通信中断，环网柜 1 处的终端无法接收到开关 4 分闸信号，FA 不启动，开关 1 不进行相关动作。

5）检修状态。环网柜 1 处于检修状态，开关 1、2 处于分闸状态，此时分布式 FA 正确动作逻辑为：环网柜 1 处的终端接收到开关 8 分闸信号，但联络开关 1 闭锁不合闸，FA 结束。

当联络开关设为开关 2，在电源 A 与开关 1 之间发生永久性短路故障，开关 1 处保护动作，开关 1 分闸，不同情况下的分布式 FA 动作逻辑如下。

1）正常运行方式下分布式 FA 正确动作逻辑为：环网柜 1 处的终端获知开关 1 分闸信号，联络开关 2 合闸，恢复非故障停电区段，FA 结束。

2）开关拒动。当开关 1 保护动作时，开关 1 应分未分，FA 应不启动。

3）通信中断。FA 执行过程中环网柜 1 发生通信中断，开关 1 和开关 2 由同一终端控制，因此仍可获知开关 1 的分闸信号，分布式 FA 正确动作逻辑为：环网柜 1 处的终端获知开关 1 分闸信号，发出控制指令控制开关 2 合闸，恢复非故障停电区域。FA 结束。

当联络开关设为开关 2，在电源 B 与开关 8 之间发生永久性短路故障，开关 8 处保护动作，开关 8 分闸，不同情况下的分布式 FA 动作逻辑如下。

1）正常运行方式下分布式 FA 正确动作逻辑为：环网柜 1 处的终端接收到开关 8 分闸信号，联络开关 2 合闸，恢复非故障停电区段，FA 结束。

2）开关拒动。当开关 8 保护动作时，开关 8 应分未分，FA 应不启动。

3）开关误动。当本应由开关 8 保护动作，开关 8 跳闸，但开关 7 误分闸，此时 FA 应不启动。

4）通信中断。FA 执行过程中环网柜 4 发生通信中断，开关 8 分闸信号无法传递到环网柜 1 处的终端，FA 不启动，开关 2 不进行相关动作。

5）检修状态。环网柜 1 处于检修状态，开关 1、2 处于分闸状态，此时分布式 FA 正确动作逻辑为：环网柜 1 处的终端接收到开关 8 分闸信号，联络开关 2 闭锁不合闸，FA 结束。

（2）母线处故障。正常运行方式下，开关 5 为联络开关。此时在环网柜 2 母线上发生永久性短路故障，开关 1 处保护动作，开关 1 分闸，不同情况下的分布式 FA 动作逻辑如下。

1）正常运行方式下分布式 FA 正确动作逻辑如下。

a. 环网柜 2 处的终端接收到开关 1 分闸信号，发出控制指令控制开关 3、开关 4 分闸，隔离故障。

b. 环网柜 1 处的终端接收到开关 3 的分闸信号，发出控制指令控制开关 1 合闸，恢复故障区域上游负荷。

c. 环网柜 3 处的终端接收到开关 4 的分闸信号，发出控制指令控制开关 5 合闸，恢复故障区域下游负荷。FA 结束。

2）开关拒动。FA 执行过程中发生开关拒动。

a. 开关 1 保护动作，但开关 1 应分未分，FA 应不启动。

b. FA 执行过程中开关 3 分闸失败，分布式 FA 正确动作逻辑应为：开关 4

正常分闸，由于发生开关拒动，FA 结束，不进行下一步的非故障区域供电恢复。

3）开关误动。当本应由开关 1 保护动作、开关 1 跳闸，但开关 2 误分闸，此时 FA 应不启动。

4）通信中断。FA 执行过程中发生通信中断。

a. 环网柜 1 通信中断，开关 1 分闸信号无法传递到环网柜 2、3 处的终端，FA 不启动。

b. 环网柜 2 通信中断。由于环网柜 2 通信中断，环网柜 2 处的终端无法接收到开关 1 分闸信号，不进行故障隔离，FA 结束。

c. 环网柜 3 通信中断。分布式 FA 正确动作逻辑应为：①环网柜 2 处的终端接收到开关 1 分闸信号，发出控制指令控制开关 3、开关 4 分闸，隔离故障。②环网柜 1 处的终端接收到开关 3 的分闸信号，发出控制指令控制开关 1 合闸，恢复故障区域上游负荷。③由于环网柜 3 通信中断，环网柜 3 处的终端无法接收到开关 4 的分闸信号，FA 结束，开关 5 不进行相关动作。

5）检修状态。环网柜 3 处于检修状态，开关 5、6 处于分闸状态，此时分布式 FA 正确动作逻辑如下。

a. 环网柜 2 处的终端接收到开关 1 分闸信号，发出控制指令控制开关 3、开关 4 分闸，隔离故障。

b. 环网柜 1 处的终端接收到开关 3 的分闸信号，发出控制指令控制开关 1 合闸，恢复故障区域上游负荷。

c. 由于环网柜 3 处于检修状态，联络开关 5 闭锁不合闸，FA 结束。

（3）馈线故障。正常运行方式下，开关 5 为联络开关。此时在开关 2 与开关 3 之间发生永久性短路故障，开关 1 处保护动作、分闸，不同情况下的分布式 FA 动作逻辑如下。

1）正常运行方式下分布式 FA 正确动作逻辑如下。

a. 环网柜 1 处的终端获知开关 1 分闸信号，发出控制指令控制开关 2 分闸；环网柜 2 处的终端接收到开关 1 分闸信号，发出控制指令控制开关 3 分闸，隔离故障。

b. 环网柜 1 处的终端获知开关 2 的分闸信号，发出控制指令控制开关 1 合闸，恢复故障区域上游负荷。

c. 环网柜 3 处的终端接收到开关 3 的分闸信号，发出控制指令控制开关 5 合闸，恢复故障区域下游负荷。FA 结束。

2）开关拒动。FA 执行过程中发生开关拒动时的动作逻辑如下。

a. 开关 1 保护动作，但开关 1 应分未分，FA 应不启动。

b. FA 执行过程中开关 2 分闸失败，分布式 FA 正确动作逻辑应为：开关 3 正常分闸，由于发生开关拒动，FA 结束，不进行下一步的非故障区域供电恢复。

c. FA 执行过程中开关 3 分闸失败，分布式 FA 正确动作逻辑应为：开关 2 正常分闸，由于发生开关拒动，FA 结束，不进行下一步的非故障区域供电恢复。

3）开关误动。当本应由开关 1 保护动作、开关 1 跳闸，但开关 2 误分闸，此时 FA 应不启动。

4）通信中断。FA 执行过程中发生通信中断时动作逻辑如下。

a. 环网柜 1 通信中断，开关 1 分闸信号无法传递到环网柜 2 处的终端，不进行故障隔离，FA 不启动。

b. 环网柜 2 通信中断。由于环网柜 2 通信中断，环网柜 2 处的终端无法接收到开关 1 分闸信号，不进行故障隔离，FA 不启动。

c. 环网柜 3 通信中断。分布式 FA 正确动作逻辑应为：①环网柜 1 处的终端获知开关 1 分闸信号，发出控制指令控制开关 2 分闸；环网柜 2 处的终端接收到开关 1 分闸信号，发出控制指令控制开关 3 分闸，隔离故障；②环网柜 1 处的终端获知开关 2 的分闸信号，发出控制指令控制开关 1 合闸，恢复故障区域上游负荷；③由于环网柜 3 通信中断，因此环网柜 3 处的终端无法接收到开关 3 的分闸信号，FA 结束，开关 5 不进行相关动作。

5）检修状态。环网柜 3 处于检修状态，开关 5、6 处于分闸状态，此时分布式 FA 正确动作逻辑如下。

a. 环网柜 1 处的终端获知开关 1 分闸信号，发出控制指令控制开关 2 分闸；环网柜 2 处的终端接收到开关 1 分闸信号，发出控制指令控制开关 3 分闸，隔离故障。

b. 环网柜 1 处的终端获知开关 2 的分闸信号，发出控制指令控制开关 1 合闸，恢复故障区域上游负荷。

c. 由于环网柜 3 处于检修状态，联络开关 5 闭锁不合闸，FA 结束。

正常运行方式下，开关 5 为联络开关。此时在开关 6 与开关 7 之间发生永久性短路故障，开关 8 处保护动作、分闸，不同情况下的分布式 FA 动作逻辑如下。

1）正常运行方式下分布式 FA 正确动作逻辑如下。

a. 环网柜 4 处的终端获知开关 8 分闸信号，发出控制指令控制开关 7 分闸；环网柜 3 处的终端接收到开关 8 分闸信号，发出控制指令控制开关 6 分闸，隔离故障。

b. 环网柜 4 处的终端获知开关 7 的分闸信号，发出控制指令控制开关 8 合闸，恢复故障区域上游负荷。

c. 环网柜 3 处的终端接收到开关 6 的分闸信号，发出控制指令控制开关 5 合闸，恢复故障区域下游负荷。FA 结束。

2）开关拒动。FA 执行过程中发生开关拒动时动作逻辑如下。

a. 开关 8 保护动作，但开关 8 应分未分，FA 应不启动。

b. FA 执行过程中开关 7 分闸失败，分布式 FA 正确动作逻辑应为。开关 6 正常分闸，由于发生开关拒动，因此 FA 结束，不进行下一步的非故障区域供电恢复。

c. FA 执行过程中开关 6 分闸失败，分布式 FA 正确动作逻辑应为：开关 7 正常分闸，由于发生开关拒动，因此 FA 结束，不进行下一步的非故障区域供电恢复。

3）开关误动。本应由开关 8 保护动作、开关 8 跳闸，但开关 7 误分闸，此时 FA 应不启动。

4）通信中断。FA 执行过程中发生通信中断时动作逻辑如下。

a. 环网柜 4 通信中断，开关 8 分闸信号无法传递到环网柜 3 处的终端，环网柜 4 处的终端也无法获取开关 6 的故障信息，FA 不启动。

b. 环网柜 3 通信中断。由于环网柜 3 通信中断，因此环网柜 3 处的终端无法接收到开关 8 分闸信号，环网柜 4 处的终端也无法获取开关 6 的故障信息，FA 不启动。

5）检修状态。环网柜 3 处于检修状态，开关 5、6 处于分闸状态，此时分布式 FA 正确动作逻辑如下。

a. 环网柜 4 处的终端获知开关 8 分闸信号，发出控制指令控制开关 7 分闸；环网柜 3 处的终端接收到开关 8 分闸信号，开关 6 已处于分闸状态且闭锁。

b. 环网柜 4 处的终端获知开关 7 的分闸信号，发出控制指令控制开关 8 合闸，恢复故障区域上游负荷。

c. 由于环网柜 3 处于检修状态，因此联络开关 5 闭锁不合闸，FA 结束。

当联络开关设在开关 7，此时在开关 2 与开关 3 之间发生永久性短路故障，开关 1 处保护动作、分闸，不同情况下的分布式 FA 动作逻辑如下。

1）正常运行方式下分布式 FA 正确动作逻辑如下。

a. 环网柜 1 处的终端获知开关 1 分闸信号，发出控制指令控制开关 2 分闸；环网柜 2 处的终端接收到开关 1 分闸信号，发出控制指令控制开关 3 分闸，隔离故障。

b. 环网柜 1 处的终端获知开关 2 的分闸信号，发出控制指令控制开关 1 合闸，恢复故障区域上游负荷。

c. 环网柜 4 处的终端接收到开关 3 的分闸信号，发出控制指令控制开关 7 合闸，恢复故障区域下游负荷。FA 结束。

2）开关拒动。FA 执行过程中发生开关拒动时动作逻辑如下。

a. 开关 1 保护动作，但开关 1 应分未分，FA 应不启动。

b. FA 执行过程中开关 2 分闸失败，分布式 FA 正确动作逻辑应为：开关 3 正常分闸，由于发生开关拒动，因此 FA 结束，不进行下一步的非故障区域供电恢复。

c. FA 执行过程中开关 3 分闸失败，分布式 FA 正确动作逻辑应为：开关 2 正常分闸，由于发生开关拒动，因此 FA 结束，不进行下一步的非故障区域供电恢复。

3）开关误动。当本应由开关 1 保护动作、开关 1 跳闸，但开关 2 误分闸，此时 FA 应不启动。

4）通信中断。FA 执行过程中发生通信中断时动作逻辑如下。

a. 环网柜 1 通信中断，开关 1 分闸信号无法传递到环网柜 2、4 处的终端，FA 不启动。

b. 环网柜 2 通信中断。由于环网柜 2 通信中断，因此环网柜 2、4 处的终端无法接收到开关 1 分闸信号，FA 不启动。

c. 环网柜 3 通信中断。分布式 FA 正确动作逻辑应为：①环网柜 1 处的终端获知开关 1 分闸信号，发出控制指令控制开关 2 分闸；环网柜 2 处的终端接收到开关 1 分闸信号，发出控制指令控制开关 3 分闸，隔离故障；②环网柜 1 处的终端获知开关 2 的分闸信号，发出控制指令控制开关 1 合闸，恢复故障区域上游负荷；③由于环网柜 3 通信中断，因此环网柜 4 处的终端无法接收到开关 3 的分闸信号，FA 结束，开关 7 不进行相关动作。

5）检修状态。环网柜 4 处于检修状态，开关 7、8 处于分闸状态，此时分布式 FA 正确动作逻辑如下。

a. 环网柜 1 处的终端获知开关 1 分闸信号，发出控制指令控制开关 2 分闸；环网柜 2 处的终端接收到开关 1 分闸信号，发出控制指令控制开关 3 分闸，隔离故障。

b. 环网柜 1 处的终端获知开关 2 的分闸信号，发出控制指令控制开关 1 合闸，恢复故障区域上游负荷。

c. 环网柜 4 处的终端接收到开关 3 的分闸信号，但开关 7 闭锁不合闸。FA 结束。

（4）支线故障。正常运行方式下，开关 5 为联络开关。在支线 1 发生永久性短路故障，开关 1 处保护动作，开关 1 分闸，不同情况下的分布式 FA 动作逻辑如下。

1）正常运行方式下分布式 FA 正确动作逻辑如下。

a. 环网柜 1 处的终端接收到开关 1 分闸信号，发出控制指令控制开关 9 分闸，隔离故障。

b. 环网柜 1 处的终端接收到开关 9 的分闸信号，发出控制指令控制开关 1 合闸，恢复故障区域上游负荷。FA 结束。

2）开关拒动。FA 执行过程中发生开关拒动时动作逻辑如下。

a. 开关 1 保护动作，但开关 1 应分未分，FA 应不启动。

b. FA 执行过程中开关 9 分闸失败，FA 结束，不进行下一步的非故障区域供电恢复。

3）开关误动。当本应由开关 1 保护动作、开关 1 跳闸时，开关 2 误分闸，此时 FA 应不启动。

4）通信中断。FA 执行过程中环网柜 1 发生通信中断，开关 1 和开关 9 由同一终端控制，因此仍可获知开关 1 的分闸信号，分布式 FA 正确动作逻辑如下。

a. 环网柜 1 处的终端获知开关 1 分闸信号，发出控制指令控制开关 9 分闸，隔离故障。

b. 环网柜 1 处的终端获知开关 9 的分闸信号，发出控制指令控制开关 1 合闸，恢复故障区域上游负荷。FA 结束。

正常运行方式下，开关 5 为联络开关。在支线 2 发生永久性短路故障，开关 1 处保护动作，开关 1 分闸，不同情况下的分布式 FA 动作逻辑如下。

1）正常运行方式下分布式 FA 正确动作逻辑如下。

a. 环网柜 2 处的终端接收到开关 1 分闸信号，发出控制指令控制开关 10 分闸，隔离故障。

b. 环网柜 1 处的终端接收到开关 10 的分闸信号，发出控制指令控制开关 1 合闸，恢复故障区域上游负荷。FA 结束。

2）开关拒动。FA 执行过程中发生开关拒动时动作逻辑如下。

a. 开关 1 保护动作，但开关 1 应分未分，FA 应不启动。

b. FA 执行过程中开关 10 分闸失败，FA 结束，不进行下一步的非故障区域供电恢复。

3）开关误动。当本应由开关 1 保护动作、开关 1 跳闸时，开关 2 误分闸，此时 FA 应不启动。

4）通信中断。FA 执行过程中发生通信中断时动作逻辑如下。

a. 环网柜 1 通信中断，开关 1 分闸信号无法传递到环网柜 2 处的终端，

FA 不启动。

b. 环网柜 2 通信中断。由于环网柜 2 通信中断，因此环网柜 2 处的终端无法接收到开关 1 分闸信号，FA 不启动。

3. 分布式 FA 处理时间试验

分布智能型终端故障隔离、非故障区域供电恢复时间一般在数秒内完成。为对此进行验证，需在测试 FA 动作正确性的同时，记录各开关动作时间，计算馈线保护动作时间（t_1）、故障隔离成功时间（t_2）、电源开关重合时间（t_3）、联络开关合闸时间（t_4）等时间。

表 6-9 为某市现场测试分布智能型终端 FA 处理性能的试验结果，在湖西立交环网柜线路 906 及线路 902 上模拟短路故障，记录下的线路开关的动作情况。

表 6-9   试验记录

故障点	动作过程	t_1/ms	t_2/ms	t_3/ms	t_4/ms
F1	RMU1_90 分 - RMU1_906 分 - RMU1_901 合	187	234	503	—
F2	RMU1_90 分 - RMU1_902 分 - RMU2_901 分 - RMU1_901 合 - RMU_902 合	142	391	630	734

结果表明，该馈线自动化系统逻辑动作过程准确，在保护动作跳闸后 600ms 内完成馈线故障定位、隔离操作，备用容量充足的情况下，在 1.5s 内可以实现非故障区段的供电恢复操作，满足现场实用要求，提高了供电可靠性。

6.3.5 测试方案及报告编制

1. 测试方案编制

在开展分布式智能型终端测试，特别是分布式智能 FA 测试前，应针对性编制测试方案，测试方案包括以下内容。

（1）试验对象。详细描述被测终端的接线；被测线路的接线方式。并根据不同的接线方式制定相应的测试策略。

（2）测试项目简表。简单描述此次测试涉及的试验项目和试验顺序。

（3）安全措施。全面、仔细排查试验现场可能存在的安全隐患，并制定安全防护措施。

（4）试验方法。详细描述各项项目试验方法，包括接线、测量点、仪器操作、记录等。

（5）测试报告。编制测试报告模板。

2. 测试报告编制

分布式智能型终端的测试报告可参照第 2 章和第 5 章编制，试验涉及项目较多，篇幅较长，本章截取部分内容详见表 6-10。

表 6-10　　　　　　　　**分布式 FA 故障处理试验报告样表**

终端厂家		终端型号	
终端编号		通信方式	
硬件版本号		ID 号标识代码	
二维码信息			
软件版本		软件校验码	
TA 变比		PT 变比	

1. FA 启动测试

序号	检测项	
1	手动分合闸	
2	遥控分合闸	

2. FA 故障处理测试

2.1 变电站出口处故障

序号	联络开关	故障位置	运行状况	试验结果				
				动作过程	t_1	t_2	t_3	t_4
1	1	电源 B-8	正常运行					
2			开关 8 拒动					
3			开关 7 误动					
4			环网柜 4 通信中断					
5			环网柜 3 检修状态					
6	……	……	……					

2.2 馈线故障

序号	联络开关	故障位置	运行状况	试验结果				
				动作过程	t_1	t_2	t_3	t_4
7	7	2-3	正常运行					
8			开关 1 拒动					
9			环网柜 1 通信中断					
10			环网柜 3 检修状态					
11			……					
12	……	……	……					

2.3 母线故障

序号	联络开关	故障位置	运行状况	试验结果				
				动作过程	t_1	t_2	t_3	t_4
13			正常运行					
14			开关1拒动					
15	5	环网柜2母线	开关2误动					
16			环网柜1通信中断					
17			环网柜3检修状态					
18			……					
19	……	……	……					

2.4 支线故障

序号	联络开关	故障位置	运行状况	试验结果				
				动作过程	t_1	t_2	t_3	t_4
20			正常运行					
21			开关1拒动					
22	5	支线1	开关2误动					
23			环网柜1通信中断					
24			……					
25	……	……	……					

6.3.6　测试典型案例及问题分析

[案例1] 按6.3.4所述分布式FA防误启动试验方法，对某生产厂家的分布智能型终端进行防误启动功能测试，测试接线图如图6-8所示。设定终端短路电流告警动作值为6A，在开关1、2、3、4处注入7A电流，同时手动断开开关1，正确动作逻辑应为FA不启动。实际测试结果为：分布式FA启动，开关4跳闸、开关1合闸。

引起该问题的原因主要是被测终端设计、生产时未充分考虑引起FA误启动的各种因素，当开关分闸与过流信号同时出现时，FA误启动。

[案例2] 按6.3.4所述分布式FA故障处理能力测试方法，对某厂家的分

布智能型终端进行 FA 测试，测试接线图如图 6-8 所示．设定终端短路电流告警动作值为 6A，模拟开关 2、开关 3 之间的馈线段发生永久性短路故障，正确动作逻辑应为开关 2 和开关 3 跳闸、开关 1 和开关 5 合闸。实际测试结果为：分布式 FA 启动，开关 2 和开关 4 跳闸、开关 1 和开关 5 合闸。

　　引起该问题的原因主要是被测终端未正确配置，终端 2 的相邻终端应为终端 1 和终端 3，实际配置为终端 1 和终端 4。

第7章

配电自动化试验新技术及应用

7.1 配电自动化终端检测新技术

目前，国外对配电终端的功能与性能的测试已逐渐发展为自动化测试方式，经济性高，避免了人为干扰；而国内对配电自动化终端测试工作则刚刚起步，主要由人工现场操作和记录，存在工作难度大、计算繁琐等缺点。

传统人工手动测试模式是在实验室进行虚负荷法测试，采用人工控制标准源输出，从标准源显示界面取值作为待测终端的二次标准值，然后由测试人员从待测终端配套的调试软件或维护软件读取数据，并按照误差计算方式得出相应的误差。该方法存在工作难度大、数据量多、测试速度慢、不便分析被测对象的误差情况等缺点，且测试人员针对不同馈线监控终端需要熟悉其配套软件；另外软件界面的显示值一般反映的是现场的一次侧值，与实际二次侧值存在一定的比例关系，此计算将进一步增加测试工作的难度；再者，在现场进行实负荷测试时，负荷常常是变化和不稳定的，尤其是在低电压等级的线路更为明显，采用标准表读取的线路运行数据与从馈线监控终端得到的数据可能不是同一时刻负荷点的数据，即所得到的误差具有不同步性。

改进型半自动测试模式通过仪器的通信接口与计算机通信可以实现双向数据传输，并配有软件可控制或读取标准源、标准表的数据，虽减少了人工记录标准检定装置的数据，但待测终端的遥测数据还需采用人工读取的方法，并需录入到计算机进行数据比对，同样存在工作难度大、误差计算不精确等缺点。

某省电力科学研究院于 2011 年自主研发自动化测试平台，实现集约化、自动化、网络化测试。相对于传统的分散化手动测试和半自动测试，该自主研发的平台具有一些优势。原始的遥信测试方法较分散，受人工因素影响，误差高，效率低。而该平台通过通信接口，与标准源、标准表等标准检定装置与计算机间通过通信规约进行信息交互。计算机控制标准源输出，并自动获取待测样品的二次侧输入标准值与输出值。计算机与待测终端经数据交互后，比对传输的数据，最终实现馈线监控终端遥测量基本误差的自动测试，测试报告和原始记录的打印。自动测试系统还具有自动采集遥信、输出遥控的功能。通过平台内部的 PLC 中的 I/O 口，可以自动读取终端的遥信变位信息，包括 SOE 分辨率，并可以程控输出开关量变位信息，模拟输出遥控变位，具备高精度的 PLC 则可控制遥控变位的时间间隔，具备自动测试功能。事故遥信可向配电主站发送状态量，并上传 SOE 事件。远方的遥控操作是配电主站向需要操作的馈线监控终端下达控制命令，通过远程遥控方式分/合现场的断路器、隔离开关等，直接干预配电网的运行，故对终端的遥控功能应要求具有高可靠性和准确性。平台还具备卫星授时、环境监测、无线通信等高级功能，加上小型便携的外观设计更使其既能在实验室应用，又能应用于现场测试，因此具有较广阔的应用价值。平台还配套了一个全自动、人机界面友好的测试平台，该系统可进行通信参数设置、测试方案设定、测试模式选择、测试过程控制、数据集约处理等，为配电终端入网、运维、退役检测提供全方位技术支持，对配电终端功能的测试具有重大意义。

7.1.1 新技术原理

配电自动化终端全自动检测平台提出了集约化、自动化、网络化、全过程的检测模式，实现了配电自动化终端三遥、SOE、故障识别等功能的全自动测试，一键式生成报告。该平台应用了基于多机双模分布式协同控制的配电网络化仿真检测技术、基于多态虚量注入的全自动托管检测技术和基于多 Agent 双核协作控制的智能集成检测技术。

1. 基于多机双模分布式协同控制的配电网络化仿真检测技术

传统单机单点测试或软件仿真测试具有局限性和片面性。单机单点测试无法完成配电网络化测试，无法发现系统整体问题；而软件仿真测试仅能在主站侧注入测试信号，其网络化测试仅仅实现了上层应用软件的功能测试，对分布于各运行现场的终端、通信网络等均未测试。基于传统测试存在的弊端，配电自动化终端全自动检测平台应用了基于多机双模分布式协同控制的配电网络化仿真检测技术。首先，该检测技术在被测系统的最前端布置多套的综合测试装置、继保测试仪、模拟断路器以及模拟保护装置，实现了分布式多点多状态序列的仿真信号注入；其次，该检测技术应用了北斗时钟同步和 GPS 时钟同步双模自适应授时技术，可适应不同应用场合，为各装置执行测试方案提供时序标准；第三，该检测技术通过远程设备分别设定现场分布的各设备控制指令，并以状态序列的方式控制前端信号源协同输出仿真信号；第四，该检测技术组网方式灵活多样，能满足现场各型复杂网络测试要求，且继保测试仪可仿真各种状态量和模拟量，仿真网络中发生的各种运行状态、三相短路故障、两相短路故障等，实现配电网络化仿真检测。该检测技术融合了多机分布检测技术、双模自适应技术、远程协同控制技术和配电网络化技术，形成有机整体，缺一不可。

配电自动化终端全自动检测平台以配电网馈线监控终端综合测试装置和继电保护测试仪为基础平台，研究多机双模分布式协同控制与配电网络化仿真检测技术。该技术在配电网馈线监控终端综合测试装置内置一个 SIM 卡，通过加密手机短信方式实现多机分布式协同控制。为了确保不误操作，执行试验前在综合测试装置内预设短信发送方号码和执行密码。装置对短信发送端号码和密码进行验证，如果装置预设号码与发送方号码不符时，装置无任何反应；如果密码错误则无法执行操作。

另外，配电自动化终端全自动检测平台采用了双模自适应检测技术，即根据不同场合需求，设定北斗时钟同步和 GPS 时钟同步两种自适应双模块授时。同步时间准确度为：脉冲前沿与输入信号源同步，时间误差小于等于 60ns；定时输出时间误差小于等于 0.5ms。

该检测技术通过远程手机设定控制对象、故障类型、定时时间。测试装置接收到短信后回复"OK"，当卫星时间未同步时，返回"ERROR"的返校错误。手机下发装置预设的执行密码，如果控制端手机在 10min 内未发送执行密码，则取消本次操作。装置核对密码，密码正确返回"OK"，并开始试验；密码错误则返回"ERROR"，连续两次输错密码，试验自动取消。在执行过程当中如要撤销试验，则发送"RESET＋执行密码"。多机协同与配电网络化仿真检测基本架构如图 5-9 所示。

多套自动化测试装置和继电保护测试仪可以在线路不停电的情况下模拟各种配电网线路的正常状态和故障状态。综合测试装置和继保测试仪可以根据网络结构布置于各设备现场，组网方式灵活多样，且继保测试仪可仿真各种状态量和模拟量，仿真网络中发生的各种运行状态、三相短路故障、两相短路故障。该技术利用多机双模分布式协同控制技术实现了配电网络化仿真检测，改变了传统单点测试和软件仿真的片面性。该技术在实际检测中的应用流程如图 7-2 所示。

2. 基于多态虚量注入的全自动托管检测技术

传统检测方法在现场检验时，只能针对该固定的负荷点进行检验，且状态量不能随意改变，因此不能进行较为全面地检验。为了能够实现多点的误差检

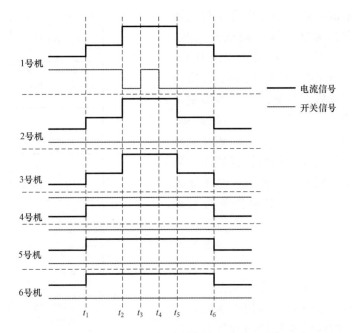

图 7 - 1　开关 A4 与 A6 间馈线短路故障注入信号时序图

t_1—试验开始，网络正常运行状态序列；t_2—故障发生，出线开关跳闸状态序列；

t_3—出线开关重合闸状态序列；t_4—出线开关再次跳闸状态序列；

t_5—故障消除状态序列；t_6—试验结束状态序列

验和状态量正确性试验，从而能更科学、全面、准确地判定被检设备的功能与性能，配电自动化终端全自动检测平台提出了基于多态虚量注入的全自动托管检测技术。

多态虚量注入技术实现了虚负荷、虚状态量、多点检测，有效解决了传统现场实负荷测试测试条件苛刻、测试态少，且发现问题相对滞后的弊端。本项目研发的装置可在实验室仿真态或现场运行态下开展配电自动化终端的功能与性能测试，还适用于其他设备（如分界开关）的功能验证。检测注入量也从传统电压、电流量扩展到电压、电流、有功功率、无功功率、频率、功率因数、直流电压、各种影响量、分合遥信、分辨率等模拟量和状态量，实现了较为全面的多态虚量检测。

另外，针对多态虚量存在多测试项、多测试数据、计算繁杂等困难，本项目提出了全自动托管检测技术。首先，配电自动化终端全自动检测平台具备多协议智能转换功能，实现控制指令序列的有序传达和执行以及数据的自动采集和存储；其次，上位机测试软件具备智能测试方案设定，可选择手动、全自动或半自动测试模式，并可以详细设定测试参数、测试方案，管控测试全过程，实现数据自动采集、存储和误差计算，并一键生成测试报告等。待测试方案设定、接线完成后，本测试平台可实现全自动托管检测，大大提高了检测效率，彻底改变了传统手工测试需频繁改变接线、频繁操作仪器、频繁记录数据、频繁计算误差的低效工作模式。基于多态虚量注入的全自动托管检测平台如图7-3所示。

3. 基于多 Agent 双核协作控制的智能集成检测技术

基于多 Agent 的检测系统是一个开放系统，通过多 Agent 的协作实现对系统的控制，能够实现软件与硬件之间的一体化，实现 Agent 之间的协作和交互。本项目研究多 Agent 技术在配电自动化检测中的应用，提出了多 Agent 双核协作控制的智能集成检测技术，实现各应用间的高效协作。

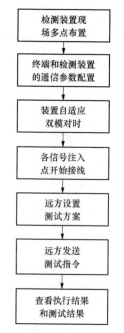

图7-2 基于多机双模分布式协同控制与配电网络化仿真检测技术应用流程示意图

为实现基于多 Agent 双核协作控制的智能集成检测技术，配电自动化终端全自动检测平台采用了主 CPU 和从 CPU 双核协作控制检测技术，实现标准源、标准表、继保测试仪及各通信接口等设备的协作管理。主 CPU 模块监视到上位机控制指令，并将所接收的指令转发给标准源，标准源接收指令后执行相应操作。同时，主 CPU 收到上位机设置标准表数据读取的指令后，立即通知从 CPU 读取数据。从 CPU 读取标准表数据，返回给主 CPU，主 CPU 将数据上传回上位机。主 CPU 和从 CPU 同时管理多个通信接口，并同时和标准源、标准表、继保测试仪等多种设备通信，具备多协议智能规约转换和协同合作功能。多 Agent 双核协作控制单元管理模块如图7-4所示。

多 Agent 双核协作控制单元为核心控制单元，管理测试平台各模块协调工作，实现智能集成检测。

（1）标准源/继电保护测试仪控制 Agent：实现标准源各电参数和继电保护测试仪各状态序列输出控制的智能集成。

（2）I/O Agent：协同控制开关量输入输出，模拟开关量分合操作、设置

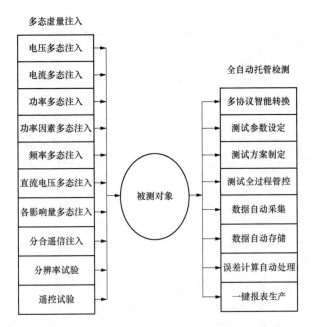

图 7 - 3 基于多态虚量注入的全自动托管检测平台示意图

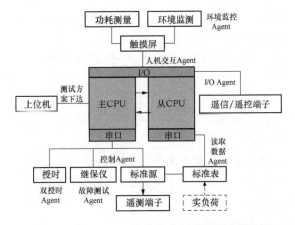

图 7 - 4 多 Agent 双核协作控制单元管理模块图

脉冲输出模拟产生 SOE 事件，同时还可以通过开关量信号输入实现终端的遥控功能，并捕捉终端的遥控输出事件记录。

（3）人机交互 Agent：通过触摸屏可设定测试参数，读取测试数据、控制测试过程，实现测试人员与测试平台的人机友好统一。

（4）标准表数据自动读取 Agent：实现标准表数据自动读取功能的智能

集成。

（5）双授时 Agent：实现卫星双模授时，利用 GPRS 或北斗设备进行校时，保证了校时的精确度。

（6）环境监控 Agent：通过装置内部温湿度测量模块获取测试环境的温湿度数据，并可以用图形形式描述出来。

（7）故障测试 Agent：应用多机双模分布式协同控制将多台综合测试装置、继电保护测试仪、断路器模拟装置以及附加模拟保护装置，在线路不停电的情况下，向被测网络协同注入测试信号，模拟保护断路器故障跳闸信号，测试配电自动化系统的终端设备、开关设备及主站系统故障识别功能。

7.1.2　检测平台开发

配电自动化终端全自动检测平台开发的总体技术路线分为理论支撑、软件开发和硬件研制三个部分。

（1）理论支撑：主要给出顶层设计思路，主导软件和硬件设计思路。

（2）软件设计：选择实用性较高的 delphi 语言作为上位机软件开发工具，确定以面向对象为核心的软件框架；统筹设计，编写上位机和 PLC 间的通信规约，以及将上位机的功能模块化划分，包括 PLC 的控制模块、标准源、标准表和报表模块等；然后具体编写各模块，待各模块测试通过后，各功能模块联调，完成上位机软件的编程。

（3）硬件设计：选择性价比高的 PLC 作为控制单元；统筹全局，编写 PLC 和各仪器间的通信规约；设计 PLC 的程序处理框架，分配 PLC 的 I/O 口；依据相关规范、任务书等资料，在 PLC 上组合控制功能，控制标准源输出，读取标准表数据，模拟遥控信号，接收遥信信号；组装设备并详细检查后，完成硬件装置的设计。

（4）配电自动化终端全自动检测软件和配电自动化终端全自动检测装置开发完成后，进行联调测试，并应用于实际的测试工作中，验证配电自动化终端全自动检测平台的合理性、协调性和完整性。

1. 设计全自动检测平台方案

配电自动化终端全自动检测平台主要由遥测、遥信、遥控测试硬件系统（以下均称为"三遥测试硬件系统"）、上位机信息处理系统、功耗测量单元、环境监测单元等组成，结构如图 7-5 所示。

（1）上位机信息处理系统：上位机通过 RS-232 与馈线监控终端通信；通过经以太网采用 TCP/IP 协议与配电终端通信，通信规约采用 IEC 60870-5-104。

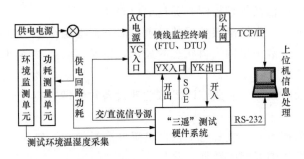

图 7 - 5 测试平台的总体结构

（2）功耗测量单元、环境监测单元：装置的环境监测单元负责获取温湿度数据，并通过"三遥"测试硬件系统传送给上位机记录，通过在界面上查看实时数据，以保证试验在规定的大气范围内。功耗测量单元负责测量终端正常工作时的整机功耗，功耗数据由"三遥"测试硬件系统传送给上位机。

（3）"三遥"测试硬件系统：以可编程控制器 PLC 为核心控制单元，管理控制标准源、标准表、开关量输入输出单元、卫星授时模块、触摸屏、功耗测量单元及环境监测单元等。

2. 研制全自动检测装置

配电自动化终端全自动检测装置包括"三遥"测试模块、功耗检测单元、开关量输入输出单元、卫星授时模块、触摸屏、环境监控单元和故障识别单元等，硬件结构示意图如图 7 - 6 所示。

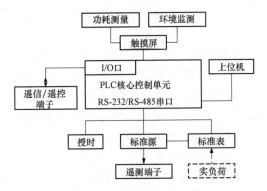

图 7 - 6 硬件结构示意图

（1）"三遥"测试模块：以可编程控制器 PLC 为其核心控制单元，可编程控制器 PLC 作为"三遥"测试硬件系统的主控单元管理多个硬件设备，主要功能为接收上位机控制命令、控制标准源输出、读取标准表数据、接收授时模块校时、与触摸屏通信及管理控制开关量 I/O 口等。

（2）触摸屏：负责标准表数据的显示，部分标准源命令的设置，PLC 数字量输出口的设置、数字量输入口状态的显示，以及接收终端整机功耗和环境温湿度数据并传送给 PLC。

（3）卫星授时模块：利用 GPRS 或北斗设备对终端进行校时，保证了校时的精确度。

（4）环境监控单元：装置内部包含温湿度测量模块，触摸屏和上位机可以利用读取测量模块的温湿度数据，并且可以用图形形式描述出来。

（5）开关量 I/O 单元：通过 PLC 控制开关量输出单元输出开关量信号实现对终端的遥控功能，通过 PLC 控制开关量输入单元输出开关量信号，实现对终端的遥信功能。

（6）故障识别单元：利用综合测试装置、多台 ONLLY - AD 微机继电保护测试仪、断路器模拟装置以及附加模拟保护装置，在线路不停电的情况下，将信号源注入多条被测馈线的 FTU、DTU 电流回路，同时模拟保护断路器故障跳闸信号，测试配电自动化系统的终端设备、开关设备及主站系统故障识别功能。

3. PLC 的软件设计

核心控制单元 PLC 需要完成的任务有：与上位机信息处理系统通信，接收并解析来自上位机信息处理系统的控制指令；与触摸屏通信，实现检测进程的就地控制；与标准源、标准表、继保测试仪通信，下发命令控制标准源等设备输出、读取标准表电量数据，完成数据组织与处理等；完成通信控制指令的解析及执行操作。

（1）PLC 软件设计中应用计算机高级语言的模块化、结构化的设计思想，对"三遥"测试硬件系统按控制功能进行模块划分，依次对各控制的功能模块进行设计，把 PLC 编程需要完成的控制任务划分为几个功能块，再对每个功能块分别编程，这样各模块之间相互对立，使设计难度大大降低且具有清晰的结构和较高的程序质量，避免了各功能之间的相互干扰，同时也能保证了"三遥"测试硬件系统的可靠性和稳定性。

（2）PLC 的控制任务划分为两个部分，即控制部分和执行部分，控制部分的命令来自上位机和触摸屏，执行部分主要完成其他硬件设备的执行工作，包括标准源、标准表、PLC 的 I/O 口操作等。如图 7 - 7 所示，控制部分接收上位机命令和触摸屏操作，执行部分通过获取中间变量执行相应任务，中间变量使用 PLC 内部继电器。控制部分主要是接收上位机命令，根据上位机命令进行程序的模块划分。PLC 控制任务流如图 7 - 7 所示。

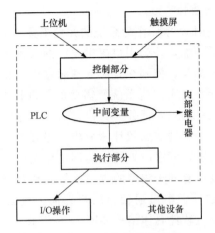

图 7-7   PLC 控制任务流图

　　（3）PLC 的软件设计包括：主程序设计、子程序设计、中断设计。下图为主程序流程和各模块执行流程，PLC 开机后应对各串口初始化，包括通信参数设置，PLC 进行循环扫描并根据不同设备接收地址（RXID）顺序执行各程序模块，各模块程序放置于主程序区。程序流程如图 7-8 所示。

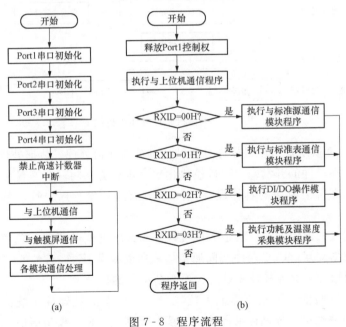

图 7-8   程序流程

（a）主程序流程；（b）程序各模块执行流程

4. 开发全自动检测软件

上位机软件选择使用 Delphi 作为系统的开发工具。上位机软件协调整个系统运行，实现数据分析功能，并为用户提供友好的人机界面。上位机软件实现与馈线监控终端的数据交互、控制交直流标准源输出与读取交直流标准表数据等，其通信程序的设计要求应构建系统所需要的关键技术涉及了 Socket 通信、串口通信等。上位机软件的主要任务为：执行与馈线监控终端的通信以及与三遥测试硬件系统的通信，实现数据的计算分析、报表的处理等。它对上位机软件的设计具有较高的要求，程序应采用结构模块化设计，良好的模块化结构能够降低软件的复杂程度，有利于程序的进一步扩充和升级。上位机软件的主要功能可分为：以太网通信、串口通信、用户界面、数据计算分析、数据库操作、报表生成等。上位机软件总体结构如图 7-9 所示。

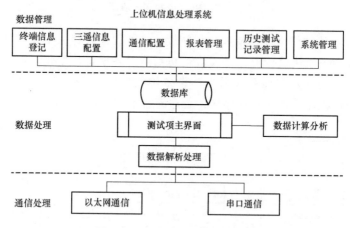

图 7-9 上位机软件总体结构图

如图 7-9 所示，上位机软件总体结构可分为通信处理、数据处理和数据管理 3 部分。在软件的开发中，通过模块化程序设计方法将软件系统划分为多个功能模块，在每个模块的具体设计上立足于面向对象程序设计，基本的模块如下。

（1）以太网通信：该模块是上位机软件与终端之间的桥梁，负责与馈线监控终端的数据交互，PLC 与终端间通信均采用以太网 IEC60870-5-104 通信协议传输，通信的可靠性是使测试过程不间断运行的保证。

（2）串口通信：该模块提供上位机与"三遥"测试硬件系统的连接，与 PLC 完成可靠通信，控制标准源输出、读取标准表数据、模拟遥信变位和 SOE 事件、记录遥控事件等，测试项所需比对的标准数据均通过串口通信获取。

（3）数据解析处理：数据解析处理负责把上行的报文解析为实际值，其中，一部分为 104 规约中的遥测、遥信、遥控报文；另一部分为可编程控制器 PLC 的应答数据。

（4）主界面开发：主界面包括遥测、遥信、遥控和报文监视等窗体，可手动检测"三遥"中的细项，亦可对全程自动测试，后由测试人员执行所测数据的入库操作。

（5）数据计算分析：该模块提供算术运算功能，完成遥测量的基本误差计算和影响量误差计算等，并分析 SOE 分辨率，判断所测试项对象是否满足精度等级要求。

（6）数据库：采用 Access 作为数据库的开发平台，保存待测终端的基本信息、"三遥"信息的配置、测试过程及结果数据等。

配电自动化终端全自动检测平台以配电自动化终端全自动检测装置和配套上位机信息处理软件为核心，基于虚负荷注入测试技术，双核并行控制标准源、继保测试仪，搭建配电终端一体化综合测试平台，如图 7-10 所示，实现了配电终端"三遥"功能、回路功耗、绝缘性能、通信规约等九大类多达 133 细项的全自动测试、数据解析、结果分析，并一键式生成报告。配电自动化终端全自动检测平台如图 7-10 所示。

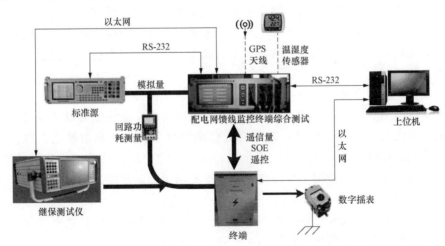

图 7-10　配电自动化终端全自动检测平台

平台的核心为配电自动化终端全自动检测装置，实现了集约化、一体化、自动化、网络化、标准化、全过程的检测模式，提供多种通信接口接入功率源设备并完成设备之间协议智能转换，实现实验室内全自动检测方法，减少人为干扰，保证测试的高效率和结果的高精度。同时它具有体积小、携带方便的优点，通过 GPS/北斗和无线公网通信相结合，实现了多台装置分布式协同控制，实现了现场线路故障注入测试。

7.1.3　应用方法与成效

1. 实验室检测应用方法

配电自动化终端全自动检测平台特别适用于实验室开展型式检测、专项检测和批次验收检测。该平台实现了集约化、自动化、网络化、全过程的检测模式，实现了配电自动化终端"三遥"、SOE、故障识别等功能的全自动测试，一键式生成报告。

检测过程实现控制集约化。配电自动化终端测试装置集成核心控制单元、标准表、双模卫星授时、温湿度监测、无线通信等单元，提供多种通信接口接入外围设备并完成设备之间协议智能转换，双核并行控制标准源与继保测试仪，实现上位机与外围设备的通信链接，搭建虚负荷注入的一体化配电终端测试平台功能集约化。基于此，试验前只需接好线，配好参数，所有的过程控制都由平台代管。

检测平台实现功能集约化。配电自动化终端测试装置兼备模拟断路器的功能，不仅可以开展配电终端遥测基本误差、遥测影响量等遥测量的试验，还可以完成遥信正确率、SOE 分辨率、遥控及就地操作执行正确率等多个试验项目的集约化测试。因此，该平台具备集多功能于一体，无须准备大量的仪器，无须大量的接线。

测试流程的合理设计与综合测试装置的集约化设计，实现了综合测试平台的自动化检测。待检终端接入测试平台，在上位机中完成测试方案、设备参数设置后，无须人工介入操作，即可完成标准源挡位自动切换与输出、数据解析、分类统计分析及对比，并生成报告，实现全方位的终端检测、分析功能，减少人为干扰，保证检测工作的高效率和检测结果的高精度。实验室检测应用具体测试流程如图 7 - 11 所示。

（1）终端参数配置：包括终端 IP 地址、主站 IP 地址和信息点表地址的配置，以实现与上位机的正常通信和点表的一一对应。

（2）接线：在实验室的测试采用虚负荷方式的接线方式。

（3）通信参数配置：设置与终端的通信 IP 地址以及与综合测试装置的串口通信地址。

（4）信息体地址和比例配置：根据终端的信息点表地址进行相应配置，并对配电上报值与实际值的关系进行比例还原。

（5）连接、自动测试：上述步骤完成后，即可开机、建立通信连接，选择自动测试；全部测试项完成后，生成测试报告。

2. 现场检测应用方法

配电自动化终端全自动检测平台在设计之初就考虑了现场检测的便捷性需求和功能性需求，使其在应用的过程中体现网络化和过程化的特征。该平台可通过 GPS/北斗和无线公网通信相结合，不同地点的测试装置可通过对时、接收手机短信指令，控制继保测试仪同时输出所需的故障状态序列以及相应的保护动作，在线路不停电的情况下，模拟馈线或环网的故障及线路保护动作情况，实现多 Agent 的终端现场检测技术。测试装置还含有卫星授时、环境监测、无线通信，加之小型便携，可以广泛应用于现场测试，实现现场试验、系统联调、设备评级、质量跟踪、故障分析、退役评价过程监督。

现场检测主要以遥测精度、通信时延、遥信正确性、遥控执行性、故障识别为对象。现场检测利用多台继电保护测试仪以及综合测试装置，在线路不停电的情况下，模拟配电网线路的正常运行和故障停运状态转化。具体测试流程如图 7-12 所示。

图7-11　实验室检测流程　　图7-12　现场检测流程

（1）终端参数配置：包括终端相电流过流启动值、零序电流过流值。

（2）接线：完成继保测试仪与终端的接线、继保测试仪与综合装置的通信接线。

（3）测试方案设置：设置各种状态序列。

（4）通信参数配置：设置综合测试装置、继保测试仪的通信参数。

（5）信息体地址和比例配置：根据终端的信息点表地址进行相应配置，并对配电上报值与实际值的关系进行比例还原。

（6）连接、自动测试：上述步骤完成后，即可开机、建立通信连接，选择自动测试。全部测试项完成后，生成测试报告。

3. 应用成效

国内运行配电自动化系统建设周期长、版本不一，配电终端和设备供应厂家多，批次多，设备水平参差不齐，运行工况不稳定。传统大多采用变电站综合自动化系统的交流采样装置的遥测、保护装置的遥信遥控功能进行测试，其原始的测试过程和结果由人工现场操作和记录，存在工作难度大、计算繁琐等缺点。配电自动化终端全自动检测平台实现了对配电自动化终端的集约化、标准化、自动化、全过程的检测和试验。

全自动化检测模式彻底改变了仪器分散、过程中需不断更换接线、记录数据、计算误差、整个过程人工干预多的传统检测手段，避免了传统测试繁琐、测试过程和结果受人为因素影响大、计算繁琐等困难，克服了传统测试精度和效率都比较低的缺点。配电自动化终端全自动检测平台实现了集约化、自动化、网络化、全过程的检测模式，实现了配电自动化终端"三遥"、SOE、故障识别等功能的全自动测试，一键式生成报告。该平台实现对配电自动化终端各项主要功能和性能的检测试验，并通过全省集中检测的方式体现集约化效益。运用了配电自动化终端全自动检测平台后，一台送检样机从原来的 6 个工日缩减为一个工日，检测效率提升为原有的 6 倍。成果的应用有助于严格把关入网终端和在运终端的质量水平，避免因设备质量问题导致的直接投资损失和运行维护额外费用，大大降低投资和安全风险。

传统现场实测需要多名测试人员配合，根据既定的测试方案，在充分沟通的情况下，同时操作测试仪器输出相应的测试方案，模拟线路故障状态。该模式存在过多的人工干预，可能导致输出的不同步。配电自动化终端全自动检测平台通过 GPS/北斗和无线公网通信相结合，不同地点的综合测试装置可以通过对时、接收手机短信指令，控制继保测试仪同时输出所需的故障状态序列以及相应的保护动作，在线路不停电的情况下，模拟馈线或环网的故障及线路保护动作情况，实现多 Agent 的终端现场检测。各地市公司在投运半自动或全自动 FA 前都可以方便地使用该平台进行故障处理策略验证。

配电自动化系统联合调试涉及主站、通信和终端等多领域，配电自动化终端全自动检测平台集多功能于一体，且具备网络化特征，非常方便应用于配电自动化系统的联合调试。

配电自动化终端全自动检测平台成功应用确保了相关入网设备和在运行设备的性能和功能完好。该平台可开展配电自动化系统联合调试、工程验收、实用化验收以及故障分析等工作,协助解决配电自动化系统中终端遥测值误差偏大、过流信号漏报、遥控返校超时等问题,提高了各公司配电自动化工程建设质量,强化了配电自动化系统实用化指标,提高了系统实用化水平,提升了供电可靠率。

7.2　配电自动化主站检测新技术

随着国内越来越多的配电自动化系统投入实用化运行,相应的研究、应用、测试研究和讨论也趋于深入。为了尽早消除配电自动化主站的缺陷,尽量避免发生事故时遭受损失,建立配电主站功能及性能检测平台,对主站进行完整的功能及性能动态测试,对提高运行配电自动化主站的综合性能具有重要意义。传统针对配电自动化主站功能与性能的测试多是基于用户的操作体验,仅能算测评,不能实现全面而深度的功能与性能校验。配电自动化主站检测新技术通过先进计算机技术、测试技术、通信技术集成测试向导、测试配置、帮助系统、报表系统、测试组件多维一体的可视化测试环境,开发了系统资源监视、配网故障仿真注入、安全防护、图像判别、纵向加密、仿真 RTU、雪崩压力测试等多个测试组件,代替大量繁琐的手动测试操作,极大地提高了测试人员的工作效率,降低了配网自动化系统测试领域的技术门槛值。

7.2.1　新技术原理

配电自动化主站检测新技术是基于 XML 语言、Agent 技术、图像判别技术、远方控制中心间的信息交互标准 IEC 870 - 5 - 104 的标准规范等,应用了基于虚拟化二次设备的故障仿真注入新技术、多策略通信压力测试新技术和图像判别新技术开发出的配电自动化主站功能与性能测试平台。

1. 基于虚拟化二次设备的故障仿真注入技术

由于二次设备类型的多样性和复杂性,使软报文接入调试工作异常地繁琐,也使二次设备的模拟仿真变得非常复杂和有难度。配电自动化主站功能与性能测试平台采用基于虚拟化二次设备的故障仿真注入技术,该技术是基于一体化的绘图建模工具建立的线路模型案例。根据设定的故障类型和故障点,根据拓扑算法,引发一系列测试网架中一次设备故障状态序列。由于一次设备触发的设备故障状态是无法直接映射、传输到配电自动化主站的,它必须要经过二次设备过渡，才能注入到被测的配电自动化主站，因此测试平台增加了"配电终端"这种二次设备。"配电终端"是与测试网架中一次设备关联的，可以将一次设备故障状态映射到"配电终端"这种二次设备的遥测、遥信值，并且"配电终端"可以与断路器、电容器或 SVC 无功设备等构成遥控、遥调的功能映射。"配电终端"这种二次设备模型可以实现故障注入，通过单网卡多 IP 虚拟化技术，实现将不同规模大小的配电网运行信号及故障信号注入到被测配电自动化主站的目标。

配电故障仿真及注入，顾名思义是隐含需要实现故障仿真和故障注入两个功能。配电故障仿真及注入测试软件模块主要实现了基于电力二次设备通信特征的软报文故障模拟和故障注入功能，满足各市级供电公司配电自动化系统对电力二次设备实时信息接入调试、功能调试、馈线自动化策略合理性验证等应用需要。故障仿真注入软件模块的组件结构示意图如图 7-13 所示。

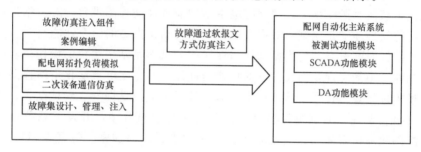

图 7-13 故障仿真注入软件模块组件结构示意图

2. 多策略通信压力测试技术

雪崩压力测试是考验配电自动化主站性能的基本手段，体现了主站系统核心处理模块的数据处理极限能力性能。雪崩压力测试的基本思路：在常规条件下增加大量配电自动化终端设备，快速而且大量地向主站发送各类数据，冲击配电自动化主站系统。雪崩压力测试软件模块通过虚拟化 IP 技术，实现了在少量计算机上模拟上万台配电自动化终端，对配电自动化主站进行海量数据压力测试。

雪崩压力测试软件模块主要功能包括以下几项。

（1）并发虚拟大批量配电自动化通信终端。可以在几台计算机上模拟上千台终端并发在线，在线调节虚拟电力二次设备个数，为雪崩压力测试提供通信模型基础。

（2）仿真终端通信，能够模拟真实终端与主站系统通信。具备与主站链路建立、总召唤、对时、测试等通信维持功能。

（3）多策略压力测试方法。能过在线实时扩展每台仿真终端的上传信息点数；在线调节虚拟通信终端的遥信、遥测个数；能够对上传的遥测、遥信比例调节；能够调节上送遥测、遥信的时间间隔；在线调节报文发送间隔时间。

（4）能够统计被测试主站系统的通信中断次数、丢包率。

3. 图像判别技术

主站性能指标测试项目中包含对系统采集时间精度测量要求，在未实施本组件功能前，客户往往需要采用眼睛加秒表的方式进行粗略的变化间隔记录，精度低，难以操作。基于此，开发图像判别软件模块，用于替代眼睛加秒表这种原始测量方式，即通过对现场系统界面进行快速抓取，进行图片变化比较，记录图片变化时间，能够在微妙数量级内计算变化数据所经历的时间变化。通过图像判别组件可以完成的测试项目包括实时数据变化更新时延、主站遥控输出延时、画面调用响应时间、事故推图画面时间、网络拓扑着色时延等。

7.2.2 检测平台开发

配电自动化主站功能与性能测试平台开发应用了虚拟化二次设备的故障仿真注入新技术、多策略通信压力测试新技术和图像判别新技术、基于 XML 语言、Agent 技术、信息交互技术等，实现了集案例管理、测试向导、测试工具、报表系统和实时帮助系统的配网自动化主站功能及性能测试软件。

1. 研发基于 XML 测试项目配置工具

测试项目采用 Tree-list 方式组织，采用 XML 语言描述，提供可视化的项目配置操作，如测试项目的增加、删除和修改操作，实现测试项目的可配置适应测试大纲的变动。通过测试项目配置工具对测试大纲的整理，生成 XML 文件和 html 文件，为测试平台的测试向导和报表系统提供了数据基础。

2. 开发同步模块

测试项目配置工具生成测试大纲 XML 文件和 html 文件，通过测试平台的同步模块，解析这两份文件，加载到测试向导和报表系统中。从而使得主站测试平台的测试内容试和测试大纲同步，搭建测试平台的数据基础。

3. 开发应用工具模块

测试平台提供了资源监视工具、雪崩测试工具、仿真终端工具、图像判别工具、故障注入工具、纵向加密工具、安全防护工具、以及计算器和定时器。每个测试工具对应一项或几项的测试项目，为测试项目提供了准确有效的测试工具。

资源监视组件分为资源监视分析和资源数据采集 Agent 两个模块，通过对被监视节点部署资源数据采集 Agent，实时采集 CPU 数据、内存数据、硬盘数据和网络负荷和数据，资源监视分析模块利用计算机图形绘制技术，完成对资源监视数据曲线图、棒图、饼图的直观展示，并对 Agent 采集的资源数据进行实时监视，在测试向导规定时间内，将对应系统资源测试项成绩进行记录。资源监视组件结构如图 7-14 所示。

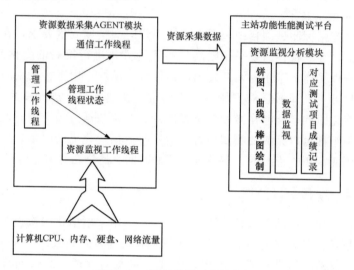

图 7-14　资源监视组件结构图

主站功测试项目中包括对对远方终端遥控、零漂、建峰等数据的处理。基于此，开发了仿真终端组件，用于仿真实际终端，支持主站的遥控操作，并能记录主站遥控发下的指令和下发时间，同时支持模拟零漂数据和建峰数据向主站发送，为测试主站功能提供技术支撑。

安全防护组件采用多线程方式对指定 IP 地址段进行安全漏洞检测，支持插件功能。扫描内容包括：远程服务类型、操作系统类型及版本，各种弱口令漏洞、后门、应用服务漏洞、网络设备漏洞、拒绝服务漏洞等二十几个大类。

纵向加密组件基于上述通知和规定，通过开发虚拟仿真加密终端，实现对配网自动化主站系统的纵向加密安全认证功能的测试。通过上述加密认证逻辑，纵向加密组件分别对配网自动化主站系统的链路确认、接受公钥、接受模数、响应总召唤、响应对时、预置确认、执行确认等步骤进行功能验证测试。测试步骤如图 7-15 所示。

雪崩测试工具、图像判别工具和故障注入工具在 7.2.1 中已经描述，本节不再重复展开。

4. 开发报表模块

测试平台的报表模块分为测试结果表格和检测报告两部分，测试结果表格支持自动填入分数和计算分数。检测报告支持生成指定格式的报告。这两份报告可以打印、打印预览、生成 pdf，实现办公自动化。

5. 开发帮助模块

项目的测试步骤非常复杂，帮助模块提供了一套实时在线的帮助文档，描述了每个项目的测试过程并且还搭配了一个测

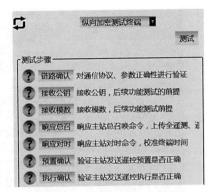

图 7-15 纵向加密测试步骤

试实例，还可以通过快捷操作迅速定位到帮助文档指定的测试项目。

配电自动化主站功能及性能测试软件平台实现了测试案例配置、提供各种辅助测试工具、可视化测试向导、智能报表系统、在线帮助系统等功能，能够为测试人员提供一个测试办公一体化的平台软件，大大提高了测试效率和测试结果准确性。

7.2.3 应用方法与成效

1. 应用方法

配电自动化主站功能及性能测试软件平台较为容易应用。只需在主站侧准备一台便携测试工作站，工作站部署测试软件平台，通过前置交换机和被测主站相连。为完成压力测试、资源监视和各类应用耗时精确分析，需在主站各应用服务器安装 Agent 资源监视客户端和图像识别的客户端。客户端在被测机器上运行后会与测试平台连接，并自动监听本地端口。

测试平台包含了资源监视、雪崩测试、仿真终端、图像判别、故障注入、纵向加密、安全防护、Agent 客户端等各种组件模块。测试人员在不同的测试项目中将使用不同的测试组件模块。在使用前，须对各应用组件模块进行配置。

（1）Agent 配置。为完成资源监视、雪崩压力测试、各类应用耗时，在被测主站中运行 Agent 客户端，然后在测试平台配置标签页中的"Agent 配置"界面配置资源监视、图像识别工具。"Agent 配置"界面如图 7-16 所示。

在"资源监视 Agent"和"图像识别 Agent"中填入运行 Agent 客户端的 IP 地址，单击"测试"，按钮后信息框将提示验证信息。如果测试通过，将在右侧显示已经验证的 IP 地址。至此 Agent 配置完成，单击"启用"按钮将启

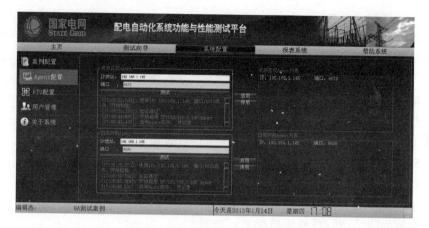

图 7-16 "Agent 配置"界面

动资源监视、图像识别工具。

（2）仿真 RTU 配置。为完成普通终端遥控、加密终端遥控、雪崩压力测试等，需配置各类仿真 RTU。首先在 IP 管理中设定 IP 个数，其中一个 IP 地址分配给仿真终端、一个 IP 地址分配给加密终端。剩余的全部为雪崩测试的模拟终端。输入完 IP 个数和起始 IP 之后单击"创建"按钮，程序将自动在"本地连接"上创建 IP 地址。单击 IP 管理中的"测试"按钮，测试 IP 地址是否可用，在右侧"IP 列表"中将显示测试结果。创建完成之后，开始分配地址。在仿真 RTU、加密 RTU、雪崩测试中输入 IP 地址、端口号、和站地址之单击"保存"按钮，完成终端的配置。保存之后，在 RTU 列表中可以看到仿真 RTU、加密 RTU、雪崩 RUT 的配置。仿真 RTU 配置界面如图 7-17 所示。

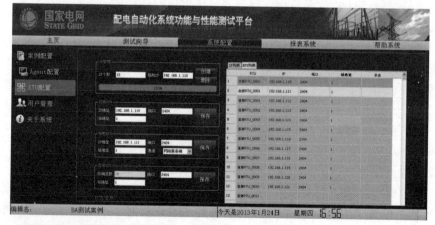

图 7-17 仿真 RTU 配置界面

（3）资源监视。在完成 Agent 部署和配置之后，启动测试平台的资源监视软件模块即可监视目标机器的 CPU 使用率、硬盘使用、内存使用率、网络负荷的实时值，如图 7-18 所示。

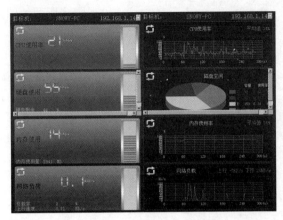

图 7-18　资源监视示例图

（4）雪崩测试。在完成 Agent 和仿真 RTU 配置后，启动测试平台的雪崩压力测试软件模块，将出现"雪崩测试"界面，如图 7-19 所示。

在"雪崩压力"测试界面上可以调节终端个数、遥信个数、遥测个数、间隔时间和遥信/遥测发送比例，这些参数可以随时更改。终端最多为 1000 个，遥信/遥测个数最大值为 1000，时间间隔为 10～1000ms。在每个雪崩终端上都有实时显示 IP 其地址、端口号、遥信/遥测发送个数。仿真终端支持连续变化遥测、飘零遥测和尖峰遥测。此三类报文间间隔可以设置在 0～60000ms。连续变化遥信支持双点同时变化，将按照间隔时间连续发送多次变化遥信和 SOE 事项，并显示在事项窗口中。飘零遥测支持的最小遥测值为 0.0001，单击"开始"将按照设定的间隔时间一直发送 0 至飘零值变

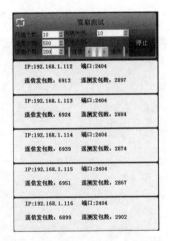

图 7-19　"雪崩压力"测试界面

化。发送尖峰遥测将会发送一帧尖峰值，在间隔时间之后发送 0 值。

（5）图像判别。为准确检验主站的冷热备切换时间、信息穿越正反向物理隔离时的数据传输时延以及络拓扑着色时延等，在完成 Agent 部署和配置之后，即可开启图像判别 Agent。单击"截图"，进入到"截图"的界面，拖动鼠

图 7-20　图像判别界面

标，右击选区保存截图并设置图片名字。按 ESC 键退出截图功能。选择要测试的内容，双击图片 1，出现刚才所截的图片，双击图片把图片添加到图片 1 区域。图片 2 同图片 1 的操作一样。添加完图片单击"添加任务"按钮，测试"开始"按钮生效，单击"开始"按钮测试，测试完成后单击"停止"按钮。应用图像判别软件模块完成单次网络拓扑着色时延测试的界面如图 7-20 所示。

（6）故障注入。为完成主站处理故障策略合理性功能测试及主站并发处理馈线故障个数性能测试，需启动故障仿真注入软件模块。故障注入仿真界面如图 7-21 所示。

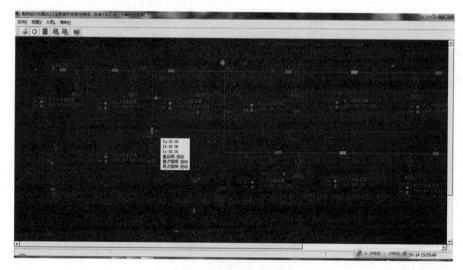

图 7-21　故障注入仿真界面

　　首先需在软件编辑态下完成基本模型绘制，包括母线、馈线段、开关、变压器、终端等，并形成有序的拓扑连接关系；其次完成一系列基本参数配置，包括配置开关类型、过流电流、额定容量、动作时序；配置馈线和母线的短路电流；配置配电变压器负载电流和短路电流；配置二次设备属性，包括 IP、三遥点表顺序；配置故障集，包括故障的设备、故障的属性等。单击"保存"按钮后，即可进入运行态模拟故障注入。

（7）纵向加密。完成仿真加密 RTU 配置之后，开启纵向加密测试组件模块即可配合主站完成加密准确性测试。加密测试过程分为链路确认、接收公钥、接收模数、响应总召、响应对时、预置确认、执行确认 7 个测试步骤。用户单击"加密测试"按钮，工具将监听设定的 IP 地址和端口号。当主站端连接之后，首先双方建立链路，主站通过私钥生成公钥和模数并下发给终端。测试终端接收之后保存在本地，用于解析遥控命令。主站系统通过私钥加密带时间戳的遥控命令下发给测试终端，终端接收到后分析时间戳是否超时，再读取公钥和模数解析遥控命令。如果未超时且加密正确，返回遥控反校命令，否则要求主站站对时/重新发送公钥、模数，测试过程还可以同步查看纵向加密当前收发报文。主站纵向加密功能测试界面如图 7 - 22 所示。

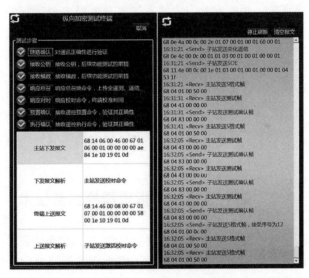

图 7 - 22　纵向加密测试界面

2. 应用成效

由于测试大纲中测试项目的多样性和复杂性，使得测试过程非常繁琐和复杂，且具有专业性，测试人员需要大量时间培训才能完成一次主站功能及行测试。检测平台提供的案例管理、测试向导、报表系统和帮助系统功能，为测试人员提供了准确高效的测试工具，降低了测试的难度，提高了测试的准确性，减轻了测试人员工作压力，提高了劳动效率。成果应用不仅为主站测试人员提供了高效的平台软件，更主要的是更有效准确地对正在运行的主站系统进行评估，给出改进意见，降低系统运行风险，为电力调度提供安全保障。

（1）降低工作难度，提高劳动率。测试人员利用本平台提供的自动化办公手段和高效的辅助测试工具大大地提高了工作效率，省去了大量的测试结果人工记录、统计和依靠人工判断的测试过程的工作，并且本平台还提供有效地引导手段，使得测试人员能够系统且有序地完成测试工作，降低操作门槛。以往该类工作约占测试人员 40％的工作量，本平台软件的应用有效降低了测试人员工作难度，提高了劳动效率。测试一个主站系统是一件非常复杂且专业性很强的工作，这就需要测试人员具有较强的专业知识和业务水平，但这种培养成本非常高且不易掌握。本测试平台提供了一整套完善的测试过程，易查易用，能让测试人员完全真实地模拟现场的环境，高效地学习测试过程和测试大纲，提高测试人员整体水平。

（2）保障主站系统安全稳定运行。配电自动化主站系统关系着整个电网的安全。一个性能卓越、功能完善的主站系统更是电网安全运行的一个保障。通过配网自动化主站系统功能及性能测试平台，对主站系统有个准确的评估，给出专业整改意见，提高主站系统安全运行能力，能有效管控风险，提前消除缺陷，保障配电网安全运行。以往的测试没有专业的测试工具，一些测试项目甚至采用人的感官判断，完全不能真实反映主站系统存在的问题和缺陷。本平台提供了丰富的测试工具，针对一些测试复杂且不易判断的测试项目，在专业的测试工具辅助下，能够准确地进行分析判断，作为性能与功能测试的一个重要参考。

7.3　配电线路故障指示器检测新技术

随着故障指示器分类及标准化技术规范的颁布，故障指示器的应用前景日趋清晰，大量的故障指示器投入运行。为了缩小故障消缺时间，建立配电线路故障指示器综合检测平台，测试故障指示器功能与性能可靠性，对提高线路配电自动化水平具有重要意义。传统故障指示器功能与性能的测试多是采用小电流测试，仿真的电压电流波形精度差、故障动作时间长、与实际故障波形特征差别大。故障指示器检测新技术通过先进计算机技术、测试技术、通信技术集合成一键式自动执行的测试环境，采用基于多 Agent 同步瞬态控制的智能集成检测技术和基于高电压大电流实型注入的自动化闭环检测技术，开发了反馈录波、故障实型仿真、参数设置、触屏操作等多个测试组件，可以完成最高

17kV、3000A 电流的真型同步输出，真实模拟实际线路的短路、重合闸、人工投切大负荷等多达七种运行情况，实现了集约化、自动化、全过程的检测模式，极大地提高了工作效率，降低了技术门槛值。

7.3.1　新技术原理

在 Agent 技术、同步瞬态控制技术、自动化闭环检测技术、实型仿真技术的基础上，开发配电线路故障指示器综合测试平台。

1. 基于多 Agent 同步瞬态控制的智能集成检测技术

基于多 Agent 的检测系统是一个开放系统，通过多 Agent 的协同实现对系统的控制，能够实现软件与硬件之间的一体化，实现 Agent 之间的协作和交互。

配电线路故障指示器综合测试平台采用多 Agent 智能控制集成检测技术，可以分类管理单相升压装置、单相升流装置、高速分挡装置、功率放大器及各通信接口等。平台根据需要可选择单控升压功能、单控升流功能和单控任意波形输出功能等，亦可以实现瞬态控制多个设备同步动作，同时升压、升流功能等。多 Agent 控制过程中采用了 CPU 反馈控制技术。CPU 监视上位机指令，并将指令下发给高速分挡装置，高速分挡装置执行相应高速变挡操作，实现对应电压电流波形输出。CPU 同时监控下属装置的执行信息，并将装置状态反馈给上位机。

为实现高电压、大电流的同步及故障波形采样的瞬时控制，完成 10kV 配电网馈线短路故障、重合闸和人工投切大负荷等运行状态的实形仿真，应用了不同装置间的同步瞬态控制技术。该技术以上位机为核心，利用了高速电力电子开关、高速采集卡及高速 CPU 模块，实现了上位机命令的瞬时下发。同时，各模块依据上位机的命令发出时刻作为计量的时间点，测量指令在各模块间的通信时间，计算指令下发到执行的全程通信时间，进而计算需同步的两个指令全程通信时间之差。最终，根据该差值并在上位机中依次发送，实现不同装置间的同步瞬态控制，同步误差小于 2ms，执行指令时间小于 15ms。基于多 A-gent 同步瞬态控制的智能集成检测系统架构如图 7-23 所示。

2. 基于高电压大电流实型注入的自动化闭环检测技术

传统检测多采用小电流模拟试验方法，通过增加电流回路的匝数放大故障指示器所检测的电流，该方法对电流回路绕制工艺要求较高，且无法满足故障指示器对检测电场的需求。为了实现各种判据的故障指示器故障识别以及非故障防误动的功能性试验，更科学、全面、准确地判定故障指示器的质量水平，高电压大电流注入技术实现了高电压、大电流的同步注入与瞬态变化，贴近现场运行环

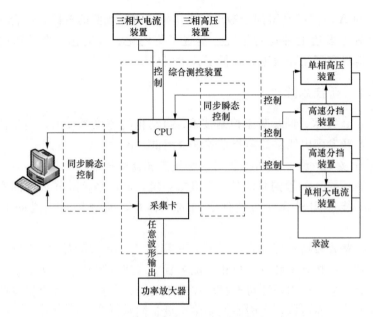

图 7 - 23　多 Agent 同步瞬态控制的智能集成检测系统架构图

境，有效解决了传统小电流模拟技术制作工艺要求高、测试对象范围小的弊端，不仅实现了对故障指示器永久性故障、瞬时性故障识别功能的检测，还具备模拟多种配电线路非故障运行状态，如负荷变化、投切大负荷、合闸励磁涌流、非故障支路重合闸等，全面检测故障指示器的故障识别和防误动功能。

另外，针对高电压、大电流输出调节难的问题，该平台应用了自动化闭环检测技术。首先，平台具备多协议智能转换功能，实现对升压、升流和分挡控制装置控制指令的有序转发和执行，以及互感器数据的采集和存储；其次，平台通过采集的数据闭环调节升压、升流装置输出所需的参数，如图 7 - 24 所示。通过上位机测试软件选择测试项目、设置试验参数后，即可实现自动化闭环控制输出，无须频繁操作仪器，大大提高了检测效率，同时实现了试验人员与一次设备的彻底隔离，提高试验安全系数。

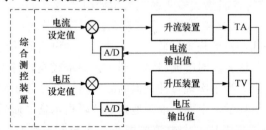

图 7 - 24　基于高电压大电流实型注入的自动化闭环检测技术

7.3.2 检测平台开发

1. 平台架构

配电线路故障指示器综合测试平台主要以配电线路故障指示器检测技术为研究对象，依据《配电线路故障指示器技术规范》（Q/GDW 436—2010）等文件，设计科学合理的全自动检测流程，提出集约化、自动化、全过程的检测模式，平台具备仿真、控制、录波等功能，实现对线路运行电压及电流变化的控制，可以模拟配电网各种运行工况，可以同时完成对多套故障指示器功能和性能的全方位检测，并出具检测报告。

配电线路故障指示器综合测试平台主要由上位机信息处理单元、故障指示器综合检测单元和电压电流输出单元3部分组成。测试平台整体结构如图7-25所示。它主要包括上位机、故障指示器综合测控装置、升压、升流装置等设备。

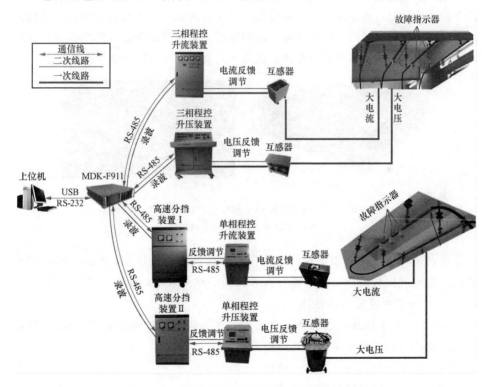

图 7-25　故障指示器综合测试平台整体结构图

上位机信息处理单元即故障指示器综合测试软件。作为故障指示器综合测试平台的重要组成部分，实现电流输出波形的仿真以及对配电线路故障指示器测试流程的控制、数据采集、计算分析、报表处理、信息发布等，由一台高性能 PC 机构成。USB 口用来传输采集到的波形数据，RS-232 用来完成与故障指示器综合检测单元通信。

配电线路故障指示器综合测试装置作为配电线路故障指示器综合测试平台的核心控制单元。通过 RS-232 与上位机信息处理单元通信，通过 RS-485 与电压电流输出单元通信，协调控制三相程控升流装置、三相程控升压装置、高速分挡装置Ⅰ、单相程控升流装置、高速分挡装置Ⅱ、单相程控升压装置等设备，输出试验所需高电压、大电流。同时综合测控装置采集设备输出的高电压、大电流波形数据，将其反馈至上位机信息处理单元。

2. 平台功能

如图 7 - 26 所示，配电线路故障指示器综合测试装置和上位机信息处理软件配合升压升流装置，配电线路故障指示器综合测试平台可模拟实际 10kV 配电线路多种运行状况，如短路故障、重合闸、稳定性测试、人工投切大负荷、负荷波动、线路突合负载涌流、电气性能、遥测精度、非故障线路重合闸等波形，并可以把一次线路的波形采样到上位机，供测试人员评定测试是否合乎规范。

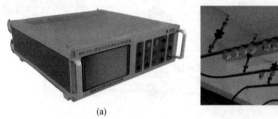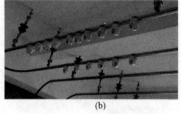

(a)　　　　　　　　　　　　　　(b)

图 7 - 26　配电线路故障指示器综合测试装置和一次线路
(a) 测试装置；(b) 一次线路

平台采用现场中常用型号的电缆作为一次线路，长达 5m 线路长度可同时测试多组不同型号的故障指示器，大大提高了检测效率，如图 7 - 26 所示。

3. 综合测控装置总体设计

MDK - F911 馈线状态仿真综合测控装置结构示意图如图 7 - 33 所示，综合测控装置的设计需要满足以下几点要求。

（1）与上位机信息处理单元通信。

（2）与电压电流输出单元通信。

（3）准确、快速处理通信指令。

（4）准确输出电压、电流波形。

因此，所设计的综合测控装置不仅需要具备高速计算处理能力和支持多种数据通信方式,而且还需具备交流量采集功能,能高速采集输出的高电压、大电流波形。MDK-F911馈线状态仿真综合测控装置硬件结构示意图如图7-27所示。它由通信控制部分和电气量部分组成。

图7-27 综合测控装置硬件结构示意图

(1)通信控制部分。该部分以PLC为核心控制单元,与上位机、触摸屏、高速分挡装置Ⅰ、高速分挡装置Ⅱ、三相升压装置和三相升流装置等以星形方式组成,PLC负责将上位机或触摸屏发出的控制指令转化成一连串顺序控制指令,控制单相升压升流装置,三相升压升流装置和分挡装置等仪器输出变化的电压、电流波形。核心控制单元作为星形网络模型的中心节点,需要与各部分保持实时数据通信,其运行的效率、可靠性、稳定性直接关系着综合测控装置的性能。

(2)电气量单元。电气量单元又分为任意波形发生单元和高速采样单元。

1)任意波形发生单元。采集卡的输出功能与故障指示器综合测试软件的组合构成,输出任意形态的实时波形数据。该类程控任意波形发生器用途广泛,若任意波形发生器与变压器或功率放大装置等组合,则可用于模拟多种不同运行工况的波形。

2)高速采样单元。由采集卡和前置模块构成,采集卡具备与上位机通信的功能,用于实时控制采样、输出0~5V的电压,采样精度高,动作误差低。前置模块电流采样回路采用霍尔传感器,避免了由于电流开路导致的元器件损毁,电压采样回路采用互感器。前置模块可将采样的电压、电流信号转换为0~5V的电压后,输送给采集卡。

4. PLC设计

综合测控装置是配电线路故障指示器综合测试平台的核心部分,核心控制单元PLC是综合测控装置的通信枢纽。PLC控制任务流如图7-28所示,核心控制单元PLC需实现以下功能。

(1)与上位机信息处理系统通信。

(2)与触摸屏通信。

（3）与升压、升流装置、高速分挡装置等通信。

（4）完成通信控制指令的解析及执行操作。

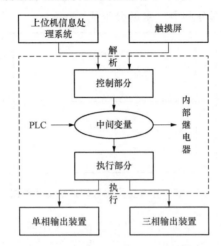

图 7-28　PLC 控制任务流

5. 触摸屏组态软件设计

触摸屏采用组态方式设计界面，通过自由组合的文字、按钮、图形、数字等来实现对 PLC 内部继电器的控制和数据缓存器的读写。

触摸屏主要按键功能包括带电装卸、短路故障试验等，其部分功能界面，如图 7-29 所示。

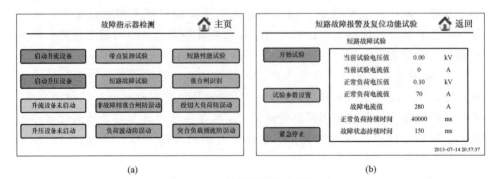

(a)　　　　　　　　　　　　　　　　(b)

图 7-29　触摸屏部分功能界面

（a）故障指示器检测界面；（b）短路故障试验界面

7.3.3　应用方法与成效

配电线路故障指示器综合检测平台仅适用于在实验室内开展检测工作，不适用于现场检测。

1. 检测应用方法

（1）控制集约化。配电线路故障指示器综合测试装置集成核心控制单元、采集卡等单元，提供多种通信接口接入外围设备并完成设备之间协议智能转换，以星形方式并行控制单相升压装置、单相升流装置、分挡控制装置、三相升流装置和三相升压装置，实现上位机与外围设备的通信链接，搭建一体化配电线路故障指示器综合测试平台。配电线路故障指示器综合测试装置兼备任意波形输出、高速波形采集等功能，模拟接地故障、励磁涌流等波形，并为故障波形分析提供直接依据。

（2）功能集约化。配电线路故障指示器综合测试平台可以开展短路故障识别、故障重合闸识别、接地故障识别、负荷波动防误动、投切大负荷防误动、励磁涌流防误动等多达 15 个试验项目的集约化测试，并采集试验波形以供分析。

（3）操作自动化。待检故障指示器接入测试平台，在上位机中完成测试方案、设备参数设置后，无须人工介入操作，即可完成分挡装置挡位自动切换与输出、装置状态数据解析并生成报告，实现全方位的故障指示器检测、分析功能，彻底实现高压设备与试验人员的隔离，保证检测工作的安全和高效率。一键参数设置及瞬时性短路故障波形如图 7 - 30 所示。

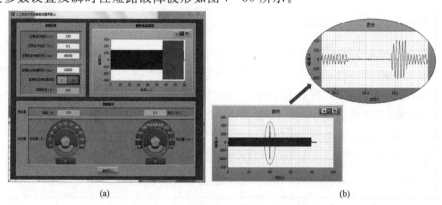

(a)   (b)

图 7 - 30   一键参数设置及瞬时性短路故障波形
(a) 一键参数设置；(b) 故障波形

（4）检测全过程。配电线路故障指示器综合测试平台用于实验室测试，实现可研评估、招标检测、入网抽测、设备评级、质量跟踪、故障分析、退役评价全过程技术监督。

2. 应用成效

由于故障指示器种类众多，测试项目复杂多样，同种测试项目在不同参数配置下输出的波形也是不尽相同，这就使得测试过程非常繁琐和复杂，且不同参数下，导致的测试问题也不同，因此故障指示器测试专业性强，测试人员常需要大量时间培训才能完成独立检测。检测平台提供的参数配置模块、自动反馈识别、一键式输出设置、波形显示、报表系统功能，为测试人员提供了准确高效的可视化测试工具，降低了测试的难度，减轻了测试人员工作压力，提高了劳动效率。

测试人员利用本平台提供的自动化智能测试手段大大地提高了工作效率，省去了大量的人工判断流程，且本平台还提供有效地引导手段，使得测试人员能够系统且有序地完成测试工作，降低操作门槛。配电线路故障指示器综合测试平台实现了故障指示器的集约化、自动化的检测模式，可以完成故障指示器的多达数十项功能及性能试验，并以集中开展故障指示器招标检测和到货抽测等方式发挥集约化效益。本项目成果的成功应用确保了入网故障指示器质量水平，使其在实际运行中保证了较高的动作正确率，大幅度缩减发生漏报、误报的概率，有效协助电力工作人员在快速排除线路故障，恢复线路正常供电，显著提高供电可靠性，同时也为提高用户的用电质量奠定了技术基础。

7.4　配电自动化联调新技术

7.4.1　新技术原理

在配电自动化系统实用化应用阶段，FA 功能的应用更需应用和体现，更好更快捷地隔离和处理线路故障。在这之前，需要专业技术手段对配电网馈线自动化功能进行测试，以此检验配电网线路的馈线自动化是否能投运，从中提早发现配网自动化系统、终端设备、通信设备存在的缺陷和隐患，进一步提高配网自动化系统的安全性和可靠性。

配电自动化联调通常通过在拟模拟故障区段上游的各个配电自动化终端二次侧，同一时刻注入模拟故障的短路电流波形及伴随的电压异常现象，从而对配电自动化主站、子站、终端、通信、开关设备、继电保护、备用电源等各个环节在故障处理过程中的相互配合进行测试。目前，配电自动化现场测联调试的方法主要有主站注入测试法、二次同步注入测试法、主站与二次协同注入测试法等。主站注入法与二次同步注入测试法详见第 4 章和第 5 章。

主站与二次协同注入测试法的核心思想是主站注入测试平台产生配电自动化系统故障处理过程所必需的启动条件，而馈线沿线的故障现象由二次注入故障模拟发生器同步产生，并且采用模拟开关单元代替实际开关，从而实现不停电测试；通过在模拟故障有关的各个配电终端轮换接入少量二次同步注入设备，而配电网其余部分的场景采用主站注入法模拟的方法，实现携带少量设备进行大规模配电网测试，并有效减少测试所需的人员数的目标。这就要求主站注入测试平台也需要有 GPS 对时，以保障和二次注入故障发生器具有同样的时钟。

7.4.2 检测平台开发

1. 二次同步注入测试平台

国内在用的二次同步注入测试平台基本原理类似，一般由故障同步发生器、采样模块、GPS 或北斗模块、储能蓄电池柜以及指挥计算机平台组成。指挥计算机平台负责测试方案的生成及下装，并汇总测试结果，形成测试报告；前端采样模块采集二次侧的电压、电流及励磁涌流信息并输出控制试验过程的开关量；同步故障发生器根据下装的测试方案及前端采样模块输出的开关量向 FTU/DTU 定时输出电压、电流信号；整个测试平台通过 GPS 卫星时间同步系统同步工作。考虑到户外试验可能缺少电源，使用了储能蓄电池柜作为系统的备用电源对系统的各个模块进行供电。配电终端二次同步注入测试系统结构示意图如图 7-31 所示。

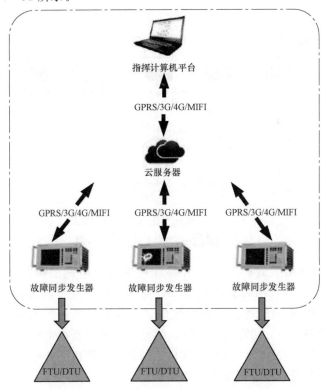

图 7-31　配电自动化二次同步注入测试系统结构示意图

现场测试时，将二次同步注入成套测试装置接入各个配电终端二次回路，其测试法示意图如图 7 - 32 所示。在故障点电源侧各开关处分别配置配电网故障模拟发生器，发生器电流电压输出至馈线终端单元（FTU）。各故障模拟发生器采用 GPS 时钟进行同步，并可与测试指挥控制计算机通过有线式无线网络进行通信。测试前，由测试指挥控制计算机仿真计算生成各个测点的测试方案，并将数据下发至各个故障模拟发生器。测试时，由故障模拟发生器按照相应时间序列或接受到的配电终端控制开关信号在同一时刻输出或关断模拟故障电流，时间序列可由人为设定或根据现场实测确定。在被测馈线变电站出线开关侧安装临时馈线保护作为馈线的总保护，以便在测试过程中该馈线发生真实故障时能将故障馈线切除。

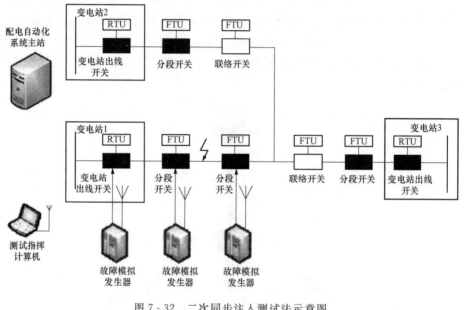

图 7 - 32　二次同步注入测试法示意图

注：■■■—合闸；□□□—分闸

（1）功率输出装置。功率输出装置可进行配电网故障的同步测试，如图 7 - 33所示。功率输出装置内置 GPS，通过外接天线与内置 GPS 系统相连；内置电池为 GPS 守时功能提供接力供电，可以通过电池开关进行操作。USB口作为外接设备接口，可以外接鼠标、键盘对本机进行参数输入及触控操作外的便捷操控；WLAN 与 LAN 作为网口，与指挥计算机平台通信。

功率输出装置规格参数见表 7 - 1。

图 7 - 33　功率输出装置

表 7 - 1　　　　　　　　　功率输出装置规格参数

规格	参数名	参数值	备注
主机	人机交互界面	10.4 寸	彩色显示屏
	功耗	＜2000VA	
	交流供电	220V±20%、47～63Hz	满足柴油发电机供电时的输出精度及响应速度要求
	通信接口	一个以太网接口、两路 USB 接口、1 路无线传输接口	内置 WiFi 模块，支持 2.4GHz、5.8GHz 两个频段
电压源	交流电压输出	0～125V	可三路同时输出
	精度	±0.5%	频率为 50Hz
	零点漂移幅值	＜±5mV	交流电压源
	功率	单相＞25VA	交流电压源
电流源	交流电流输出	0～40A	可三路同时输出
	精度	±0.5%	频率为 50Hz
	零点漂移幅值	＜±5mA	交流电流源
	功率	0.5A 负载＞18.0Ω	交流电流源
		30A 负载＞0.5Ω	
输出频率	范围	10～1000Hz	
	精度	＜0.005Hz	
	分辨率	0.001Hz	
输出相位	范围	−360°～360°	
	误差	＜0.1°	
	分辨率	＜0.1°	

规格	参数名	参数值	备注
开关量	开入量	8 对	
	开出量	4 对	
	开出延时	<0.1ms	
时钟	时间准确度	$\leqslant 10\mu$s	
	守时精度	$\leqslant 1$ms（8h）	

（2）模拟开关单元。在配电自动化系统的现场测试中，为了线路运行不受影响，在测试中可以采用模拟开关代替实际开关，将自动化终端到实际开关的控制回路断开，而接至模拟开关单元。测试时隔离故障等遥控输出不操作实际开关，而只操作模拟开关单元。通过模拟开关单元代替实际开关来检验系统的故障处理功能，实现现场不停电测试，最大程度地降低测试工作对用户的影响，提高供电可靠性。

实际开关有断路器、负荷开关等类型，其控制同路电压有交流 220V、交流 100V、直流 100V、直流 24V、直流 48V 等电压等级，操作机构有弹簧储能、电磁式、永磁机构等。依据开关性质和操作机构的不同，从控制开关分、合闸到开关动作成功都存在着一定的延时，并且每种开关的延时时长都有一定差异，这些指标对于配电自动化故障处理性能有着重要的影响，模拟开关单元应能调节这些指标。

为了满足各种控制电压的要求并可以对开关动作延时时长进行较精确的调节，模拟开关单元可以采用固态继电器和可编程逻辑电路 CPLD 实现。为了兼容交流 220V、直流 24V、直流 48V 等电压等级，需要设计专门的电源转换电路，具有不同等级电压的自适应能力。

模拟开关单元的原理框图如图 7-34 所示。其开关工作延时时间连续可调，误差小于 1ms。

2. 主站与二次协同注入测试平台

为了解决主站注入测试法测试对象覆盖不全、二次同步注入测试法工作量大等问题，这里提出一种主站与二次协同注入的配电自动化故障处理性能测试方法，有助于实现不停电测试和减少测试工作量。

配电网中至少有一台开关因保护动作而跳闸是配电自动化系统故障处理的启动条件，为了做到对配电自动化系统故障处理性能的不停电测试，就必须解决跳闸问题。

主站与二次同步注入测试法的核心思想是由主站注入测试平台产生配电自动化系统故障处理过程所必需的启动条件，即配电网中至少有一台开关因保护

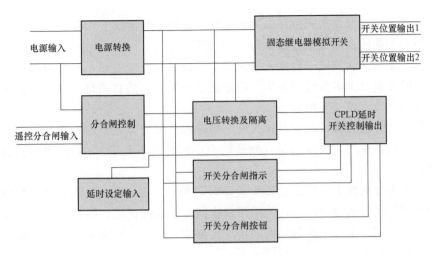

图 7 - 34   模拟开关单元原理框图

动作而跳闸。而馈线沿线的故障现象由故障模拟发生器同步产生，如图 7 - 35
所示。图 7 - 35 中被测馈线的变电站出线开关处 RTU 与配电自动化系统主站通
过虚线相连，表示变电站出线开关处 RTU 采集的保护跳闸信息由主站注入测
试平台模拟产生并直接注入配电自动化系统主站，而不必再在变电站出线开关
处配置故障模拟发生器。为了达到上述要求，主站注入测试平台也需要采用
GPS 对时技术，以保障和故障模拟发生器具有同样的时间基准。

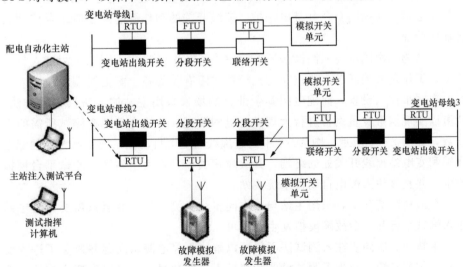

图 7 - 35   主站与二次同步注入测试法解决不停电测试问题

注：■■■ ——合闸；□□□ ——分闸

因此，主站与二次同步注入测试法的关键技术包括以下几项。

（1）主站注入测试平台需采用 GPS 对时。

（2）主站注入测试平台接入被测试配电自动化系统主站，模拟因保护动作而跳闸的开关（大多数情况下为变电站出线开关）上的自动化终端与被测试配电自动化系统主站交互信息。

（3）主站注入测试平台与接入配电终端的故障模拟发生器在同一个预设时刻向被测试系统注入故障信息（同步输出误差时间不大于 $50\mu s$），测试其故障处理过程。

在大多数情况下，当馈线发生故障时，都是由变电站的 10kV 出线断路器保护动作跳闸构成启动条件，若采用二次同步注入测试法，则需要进入变电站进行接线测试，采用主站与二次同步注入测试法后则在故障处理性能测试时不必进入变电站工作。

为了实现不停电测试，还必须在进行配电自动化系统故障处理性能测试时，采用模拟开关单元代替实际开关，将自动化终端到实际开关的控制回路断开，而接至模拟开关单元。进行测试时隔离故障等遥控输出可不动作实际开关，而只动作模拟开关。通过模拟开关代替实际开关来检验系统的故障处理功能，实现现场不停电测试。

当然，采用主站与二次同步注入测试法和模拟开关，虽然可以解决配电自动化系统故障处理性能的不停电测试问题，并避免了进入变电站工作的麻烦，但是变电站出线断路器及其继电保护、馈线开关的动作性能等还应结合传动试验加以验证。

主站与二次同步注入测试法还有效解决了二次同步注入测试法测试人员需求多、工作量大的问题。通过在与拟模拟故障有关的各个配电终端轮换接入少量二次同步注入设备，而配电网其余部分的场景采用主站注入法模拟的方法，就可以实现携带少量设备进行大规模配电网测试，并能有效减少测试所需的人员数，如图 7-36 所示。图 7-36 中通过虚线与配电自动化系统主站相连的配电终端和变电站出线开关处的终端，其故障相关信息均由主站注入测试平台模拟产生，并直接注入配电自动化系统主站。

在最精简情况下，采用主站与二次同步注入测试法，甚至只需要一套主站注入测试平台和一台故障模拟发生器即可。

主站与二次同步注入测试法不仅可以解决不停电测试问题并避免了进入变电站工作的麻烦，减少了测试设备和测试人员的数量，还可以发挥主站注入法能够设置复杂故障现象和负荷分布场景的优点。

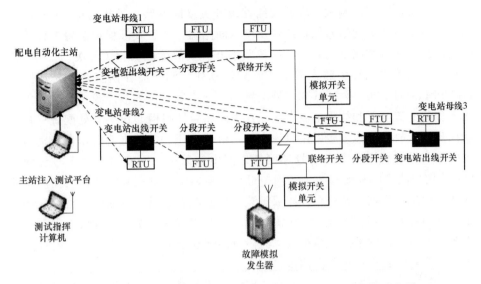

图 7-36 主站与二次同步注入测试法减少测试人员和设备的示意图

注：███ ——合闸；▭ ——分闸

7.4.3 应用方法与成效

1. 应用方法

以国家电网公司第一批配电自动化试点城市之一的 M 城配电自动化系统测试为例，采用二次同步注入测试法对各个环节在故障处理中的协调配合进行测试，选取的测试线路及测试接线如图 7-37 所示。

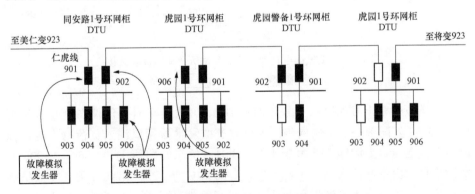

图 7-37 M 城配电自动化系统测试所选线路及测试接线

注：███ ——合闸；▭ ——分闸

为了实现不停电测试,环网线路首级开关(同安路1号环网柜901)配置与变电站出线开关同型号保护装置及模拟断路器,代替实际保护装置上传故障跳闸信息,并对被测试的开关、系统联络开关及故障隔离相关开关的DTU遥控出口压板采取隔离措施,避免实际控制动作。测试时在同安路1号环网柜DTU901、DTU902及DTU906处配置两台二次同步注入故障模拟发生器用以注入负荷电流电压和故障电流电压,在虎园2号环网柜DTU906处配置一台二次同步注入故障模拟发生器用以注入负荷电流电压和故障电流电压,分别模拟同安路1号环网柜和虎园2号环网柜之间电缆故障、同安路1号1号环网柜906处用户故障以及虎园2号环网柜母线故障。整个测试共需3台二次同步注入故障模拟发生器以及一台线路保护装置用于配合测试,并在同安路1号环网柜和虎园2号环网柜各配置一组测试人员,测试接线复杂,并且由于受到测试设备和人员数量的限制,模拟故障区段只能选在上游开关数小于3个的范围之内,不能对线路进行全范围测试。

为解决上述问题,改用主站与二次协同注入测试法,以T城配电自动化系统测试为例,所选取的测试线路及测试接线如图7-38所示。

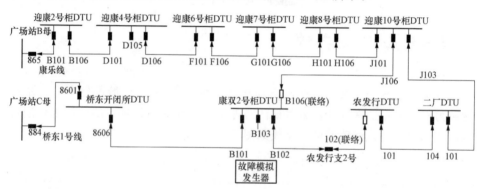

图7-38　T城配电自动化系统测试所选线路及测试接线

注：■——合闸；▭——分闸

在模拟桥东1号线康双2号环网柜B103出线故障时,仅仅在康双2号柜DTU B103处配置一台二次同步注入故障模拟发生器用以注入负荷电流电压和故障电流电压,上游康双2号柜DTU Bl01、桥东开闭所DTU 8601、8606的故障信息均由主站注入测试平台产生,广场站C母10kV出线开关884保护跳闸信息也由主站注入测试平台产生,并采用模拟开关单元代替实际开关康双2号环网柜B103,将自动化终端到实际开关的控制回路断开,而接至模拟开关单元,实现现场不停电测试。在主站注入测试组人员的配合下,整个户外现场测试仅需一台二次同步注入故障模拟发生器，在康双 2 号环网柜配置一组测试人员即可，测试接线工作量显著减小，且可以在线路上各个馈线终端轮换接入该台二次同步注入故障模拟发生器以覆盖全部区段，通过主站注入测试平台可以灵活设置测试场景，真正实现携带少量设备进行大规模配电网测试。

2. 应用成效

二次同步注入测试法和主站与二次协同注入测试法采用对时系统和无线公网通信技术，通过指挥计算机平台生成及下装测试方案，同步故障发生器根据下装的测试方案及前端采样模块输出的开关量向 FTU/DTU 定时输出电压电流信号，实现被测馈线信号的同步注入，将自动化终端与实际开关的控制回路断开，而接至模拟开关单元，实现现场不停电测试，解决了传统测试手段测试过程繁琐、存在过多的人工干预、测试工作量大、效率低下的问题。二次协同注入测试法还实现在主站注入测试组人员的配合下，整个户外现场测试仅需一台二次同步注入故障模拟发生器，测试接线工作量显著减小。且可以在线路上各个馈线终端轮换接入该台二次同步注入故障模拟发生器以覆盖全部区段，通过主站注入测试平台可以灵活设置测试场景，真正实现携带少量设备进行大规模配电网测试的目标。

7.5 有源复杂配电网仿真试验新技术

7.5.1 新技术原理

有源复杂配电网动态模拟系统是依据阻抗标称值不变的原理建立，用 380V 电压等级模拟 10kV 电压等级。原型与模型的有名值参数比一般有 4 个，分别为功率模拟比、电压模拟比、电流模拟比、阻抗模拟比，各个物理量的比例之间是可以相互转化的。设功率模拟比、电压模拟比为

$$K_S = \frac{S_y}{S_m} \tag{7-1}$$

$$K_U = \frac{U_y}{U_m} \tag{7-2}$$

式中 K_S——功率模拟比；

S_y——原型功率；

S_m——模型功率；

K_U——电压模拟比；

U_y——原型电压；

U_m——模型电压。从而可求出电流模拟比、阻抗模拟比分别为

$$K_I = \frac{I_y}{I_m} = \frac{S_y}{S_m}\frac{U_m}{U_y} = \frac{K_S}{K_U} \tag{7-3}$$

$$K_z = \frac{Z_y}{Z_m} = \frac{U_y^2}{U_m^2}\frac{S_m}{S_y} = \frac{K_U^2}{K_S} \tag{7-4}$$

式中　K_I——电流模拟比；

　　　K_z——阻抗模拟比。

7.5.2　仿真系统开发

1. 主接线

目前，我国 10kV 配网中广泛使用架空线、电缆线路、电缆—架空线和架空线—电缆混合的网架结构。以福建省为例，中压配电网架空线主要有四种典型接线模式，分别是：单辐射接线、单联络接线、两分段两联络接线、三分段三联络接线，电缆线路主要有三种典型接线模式，分别是单环网接线、电缆开闭所接线、双环网接线。为涵盖多数典型接线，设计有源复杂配电网典型主接线图如图 7-39 所示。

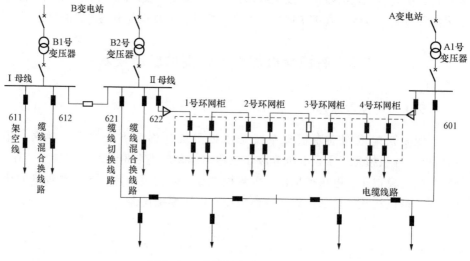

图 7-39　有源复杂配电网主接线

2. 主变单元

有源复杂配电网包含两座变电站 3 台主变压器，B 变电站有两台相同容量变压器，设计单母线分段接线方式，模拟负荷中心变电站。A 变电站与 B 变电站通过电缆线路形成手拉手接线方式，模拟城市或城郊变电站。

主变单元由调压器、系统阻抗电抗器、隔离变压器、Z 型接地变压器和断路器、电流互感器、电压互感器组成。

（1）三相调压器用于调整模拟线路的电压和负荷电流。

（2）隔离变压器用于模拟变电站中的主变压器，使用 380V/380V 双绕组变压器模拟 110kV/10kV 主变压器，将三相市电 380V 引入系统，具备与实际主变压器相同的参数，同时具备电源隔离作用，防止模拟系统在短路试验中对供电电源产生不利影响。

（3）由于主变压器接线方式为 Y/△，Z 型接地变压器用于制造中性点，模拟中性点不接地、中性点经电阻接地、中性点经消弧线圈接地和中性点直接接地等接线方式。

（4）系统阻抗电抗器用于模拟高压侧系统阻抗，若高压侧为无穷大电网，则电抗值为 0。

在变压器两侧装设继电保护装置，当监测到变压器一次侧或二次侧的电流值超出阈值后，该保护将发送跳闸命令，控制接触器分闸，实现变压器保护。

3. 线路单元

动模系统馈线包括电缆、架空以及电缆架空混合线路，模拟全电缆配电网、全架空配电网和长度可变的缆线—架空混合配电网线路。线路模型的合理设计对动模系统实验数据的正确性将产生重要影响。

（1）等效模型。电力系统实际的线路参数都是分布的，但在大多数数学模型上又带有集中性。线路集中参数模型主要有 R－L 模型、π 型和 T 型，分布参数模型主要有均匀传输线和 Bergeron 线路模型等。

单 π 型等值电路适用于进行系统正常运行状态或线路末端开路情况下的研究，如图 7-40 所示。若系统发生线路末端短路时，末端的电容支路被短接，此时该电容失去作用，将会对结果产生影响。

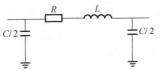

图 7-40　单 π 型线路等效模型

多 π 型线路模型可以改善单 π 型线路在末端短路时的缺陷。一般在 π 节数取 2 时，已能满足模型实验对线路正常运行、短路及开路等故障情况的研究的要求，故选择 π 节数取 2 的 π 型线路等效模型。

（2）线路参数。10kV 实际系统线路参数见表 7-2。

表 7-2　　　　　　　　　　配电线路参数

线路类型	零序电阻 r_0/(Ω/km)	零序电容 c_0/(μF/km)	零序电感 l_0/(mH/km)	正序电阻 r_1/(Ω/km)	正序电容 c_1/(μF/km)	正序电感 l_1/(mH/km)
架空线路	0.23	0.008	5.478	0.17	0.00969	1.21
电缆线路	2.7	0.28	1.019	0.27	0.339	0.255

（3）电感模型设计。线路三相 π 模型等效模型组成元件包括电阻、电感和电容。其中，电阻和电容可以根据电压等级和功率限额直接选取电子元器件进行等效模拟，而线路在稳态运行和不同故障发生时，流经线路的电流变化范围很大，线路电感若采用电子元器件直接模拟，可能发生电感饱和导致感值降低的情况，因此线路电感无法采用电子元器件直接模拟，需要进行重新设计。

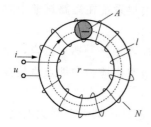

图 7 - 41　环形电感线圈模型

1）结构设计。含磁芯的环形电感线圈在相同的感量要求下，相比空心电感线圈，其体积更小。环形电感线圈的感值与线圈绕制截面、磁芯材料、线圈匝数以及圆环周长有关。如图 7 - 41 所示，环形电感线圈的横截面积为 A，其磁路等效长度为 l，线圈匝数为 N。

环形磁路的磁通密度为

$$B = \frac{H}{\mu_0 \mu_r} \tag{7 - 5}$$

当线圈通入电流 i，环形电感的感量为

$$L = \frac{\Psi}{i} = \frac{NBA}{Hl/N} = N^2 \frac{\mu_0 \mu_r A}{l} \tag{7 - 6}$$

式中　μ_0——真空磁导率；

μ_r——相对磁导率。

由式（7 - 5）可画出磁芯的 B - H 磁化曲线如图 7 - 42（a）所示。以式（7 - 6）为据，电感的感值随电流的变化曲线如图 7 - 42（b）所示。空心电感的相对磁导率等于 1，式（7 - 6）的电感值在匝数和电感线圈横截面积确定之后将恒为定值。

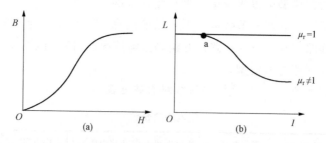

图 7 - 42　磁芯磁化特性曲线及 L - I 曲线对比

（a）磁芯 B - H 磁化电线；（b）L - I 曲线

带磁芯电感的感值与磁芯相对磁导率 μ_r 成正比。需要指出的是，带磁芯电

感的磁芯具有磁化曲线特性，其相对磁导率的值随着电流的增大按图 7 - 42 (b) 所示的趋势发生变化，所以带磁芯电感的电感值也会随着电流的变化而变化，电感为非线性电感，感值将不能保持定值。

考虑带磁芯电感不满足感值不变的要求，本文提出环形空心电感结构设计方案，其电感值在匝数和电感线圈横截面积确定之后将恒为定值，合理地设计其参数就可以满足在宽尺度电流下感量不变的要求。

2）磁路模型设计。常规的设计方法采用 3 个线圈设计实现线路的自感与互感，如图 7 - 43 所示。

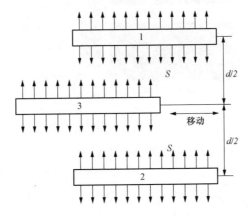

图 7 - 43　电感常规设计方法

该方法将线圈绕成线饼状，通过改变匝数实现线圈的自感。将线圈 1 与线圈 2 位置固定，线圈 3 与线圈 1 和 2 距离一定，通过移动线圈 3 来改变彼此间的正对面积，达到改变互感量的目的。此设计方法在安装时若出现位置偏差，容易使感量发生变化，影响后续的实验结果。同时开放的磁路会影响周围环境，周围的铁质材料反过来也会干扰磁场，造成感量偏差。

本文提出一种新型电感模型的闭合磁路设计方案，解决了常规设计的电感模型存在的问题。其结构基于环形空心电感模型，绕组采用铜绕组，将导线围绕着一根铁棒绕制 N 匝，抽掉铁棒后，形成首尾相接的四边形、六边形等多边形，边形越多耦合效果越好，故设计绕成箍状圆环。

当导线通入交变电流，在圆环中感应出磁场时，磁场会在圆环中形成闭合的磁路，闭合磁路的磁力线受到约束，只在一定区域里分布。闭合磁路的设计使其不会影响周围环境，也不易受周围的铁质材料影响，所以闭合磁路电感模型的感量能够保持恒定不变。利用 Ansoft maxwell 软件对新型闭合磁路电感模型外围磁场分布仿真分析如图 7 - 44 所示。显然，利用闭合磁路设计的电感模型磁感应强度较强，不易发生漏磁现象，涡流损耗小，使用效率高。

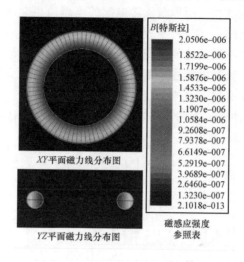

XY平面磁力线分布图

YZ平面磁力线分布图

B[特斯拉]

| 2.0506e-006 |
| 1.8522e-006 |
| 1.7199e-006 |
| 1.5876e-006 |
| 1.4533e-006 |
| 1.3230e-006 |
| 1.1907e-006 |
| 1.0584e-006 |
| 9.2608e-007 |
| 7.9378e-007 |
| 6.6149e-007 |
| 5.2919e-007 |
| 3.9689e-007 |
| 2.6460e-007 |
| 1.3230e-007 |
| 2.1018e-013 |

磁感应强度
参照表

图 7-44　新型电感模型磁路分布图

等效线路的自感和互感的实物设计方案如下。

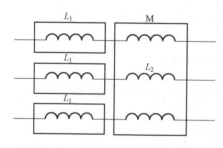

图 7-45　新型电感模型连接示意图

（1）单线绕制 3 个自感线圈，电感量为 L_1，用于实现三相线路的自感。

（2）通过三线并绕方式构造一个三相耦合的互感线圈，自感量为 L_2，用于实现三相线路的互感。

（3）将自感线圈和互感线圈串联，形成自感量为 $Z_x = L_1 + L_2$、互感量为 $Z_y = L_2$ 的线路等效模型，如图 7-45 所示。

4. 开关单元

在配电网中，断路器是断开、接通线路的重要开关电器，具有可靠的灭弧装置。动模系统中常用接触器或电力电子器件对断路器进行模拟。因实现遥信至少需要具备一组辅助触点，电力电子器件无法提供触点反馈，接触器不仅能通过辅助触点反馈状态信息，且具备一定的灭弧能力，所以选择接触器模拟断路器。

5. 负载单元

负载单元用于模拟实际负载，由一个小型隔离变压器（模拟配电变压器）和可变电阻电感值的负荷组成，如图 7-46 所示。负载类型包括分为动态负荷和静态负荷两种。动态负荷为小功率电功机。静态负荷分为纯电感、纯电阻和阻感性负载 3 类，使用电阻电感可调设备。

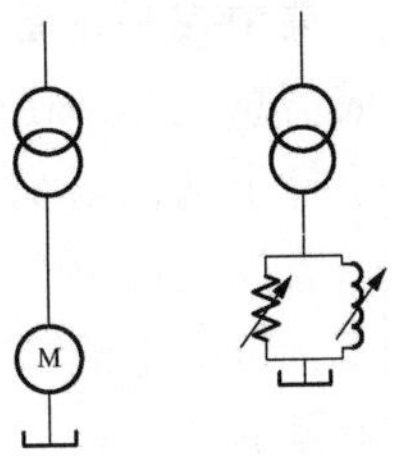

6. 故障模拟单元

故障模拟单元结构示意图如图 7 - 47 所示。故障模拟单元串联在制定的故障节点线路上，通过控制开关投切以及调节阻值、间隙大小，模拟不同场景的短路故障、非金属性接地故障、弧光接地故障、断线故障等。

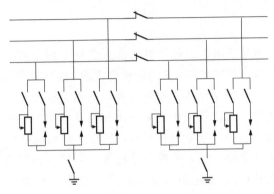

图 7 - 46　负载单元

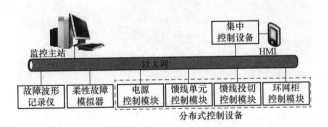

图 7 - 47　故障模拟单元结构示意图

7. 控制系统

有源复杂配电网动态模拟系统控制部分由集中控制设备、分布式控制设备、有源柔性故障模拟器、数字式故障波形记录仪、监控与数据采集软件、网络设备等组成，其结构示意图如图 7 - 48 所示。

图 7 - 48　控制部分结构示意图

分布式控制设备由 PLC（包括主模块以及相应的 I/O 扩展模块、A/D 采样模块和接口模块）和小触摸屏组成，可以控制开关的投切，完成网络重构，实时显示电压、电流等模拟信号。

集中控制设备通过以太网通信网络管理底层每台分布式控制设备的信息,完成信息交互。由一台高性能的PLC和高分辨率彩色触摸屏组成,在触摸屏上展示整个动模系统的网络接线图,完成相应的系统操作。

监控主站负责对各个分布式控制设备下发命令,包括主动查询当前各线路电压、负荷电流、功率因数等;查询各控制设备的在网状态及工作状态;控制接触器的分合闸;切换线路的运行方式;进行故障模拟实验、负荷转供实验等。同时,还需采集、存储监测数据、故障模拟数据及告警事件。

7.5.3 应用方法与成效

1. 应用方法

图7-49所示为某省级电力科学院有源复杂配电网仿真系统实物。平台通过380V模拟一个由两座变电站、5回馈线构成的10kV配电网。通过投切模拟断路器的操作可以实现网架结构之间的转换,从而组成环状、放射状和多端供电等不同配电网拓扑,可以研究配电系统不同拓扑结构的特性;配电线路含电缆线路、架空线路和电缆—架空混合线路;线路长度和类型在0~15km范围内以及电缆—架空灵活变换;另外中性点接地方式可设置为经消弧线圈接地(过补偿、全补偿和欠补偿)、经电阻接地或经自定义方式接地(如经消弧线圈+可调电阻接地或经柔性补偿装置接地等)。

图7-49 有源复杂配电网仿真系统

仿真平台具备丰富的故障点接入口和多种故障类型模拟。配电线路和环网中共计30个故障点可进行相关故障实验,故障类型包括两相短路、三相短路、单相断线、两相断线、三相断线、两相接地、A相瞬时接地、B相瞬时接地、C相瞬时接地、A相永久接地、B相永久接地、C相永久接地、单相断线首端接地、单相断线末端接地、两相断线首端接地、两相断线末端接地、三相断线首端接地、三相断线末端接地和电弧接地故障等共计19种故障类型。

利用 PSCAD/EMTD 搭建与动模平台主接线、参数等相同的仿真模型，对比分析动模仿真系统与数字仿真的一致性。

（1）短路故障。图7-50（a）所示为故障点发生 BC 两相短路时故障馈线三相电流仿真图；图7-50（b）所示为动模系统故障模拟时实际波形图。对比发现两者具有相似的故障动态趋势。

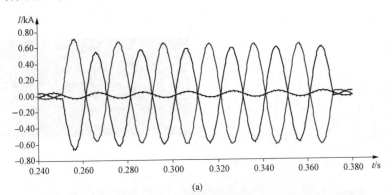

(a)

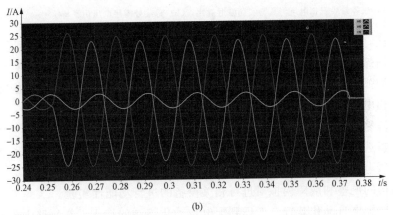

(b)

图7-50　BC两相短路时故障馈线三相电流仿真与实测波形图

(a) 仿真图；(b) 实侧图

（2）断线故障。10kV 中压配电线路所处地理环境复杂，在外部气候温度变化的长期影响下容易发生断线故障。按照断线处导线落地情况，单相断线故障可分为两端悬空、电源端落地、负荷端落地、两端落地等。

当发生 A 相断线时，实际测量图与仿真图如图7-51所示。故障相电流为零，产生零序电压。

（3）接地故障。以中性点经消弧线圈接地为例，因接入消弧线圈后将产生

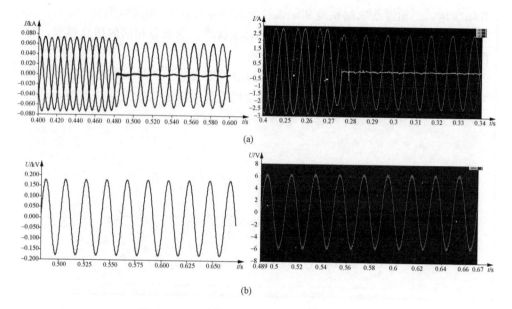

图 7-51 A相断线时仿真与实测波形对比图

(a) 故障馈线三相电流仿真与实测波形对比；(b) 母线处零序电压仿真与实测波形对比

电感电流，对系统电容电流进行补偿，使得单相接地故障特征有所不同。实际配网中消弧线圈多数运行在过补偿状态下，本文以过补偿方式为例进行分析。

经消弧线圈系统发生单相金属性接地故障时，故障相的对地电压降为 0，非故障相电压上升为线电压，与不接地系统特征相似，如图 7-52 所示。

有源复杂配电网动模平台提供丰富的测试接口，为配电自动化装置和单相接地故障选线及定位装置，如为配电网终端装置、故障选线装置、配电网保护装置、漏电流保护装置和低压无功补偿装置等配电设备提供试验接口，并通过网架结构的调整和故障模拟对进行相关设备的进行功能性实验。

（1）配电自动化装置。考虑到配电自动化终端的接入，在线路上设置了分段开关，并配置了相应的电压及电流互感器，电压、电流互感器的二次输出信号、分段开关的分合控制信号以及分合状态信息均可以快速、便捷地接入配电自动化终端。通过设置合理的变比，确保电压、电流互感器输出的二次信号跟实际系统的信号基本上是一样的，使得配电自动化终端反映出和实际系统一致的采集信息。比如，在线路上设置短路故障，根据保护与配电自动化的配合情况，来验证配电自动化系统故障处理的合理性。

（2）单相接地故障选线及定位装置。平台为每条馈线和母线均配置了电流或电压互感器，除了采集每相信号外，还采集零序电压及电流信号。当这些信

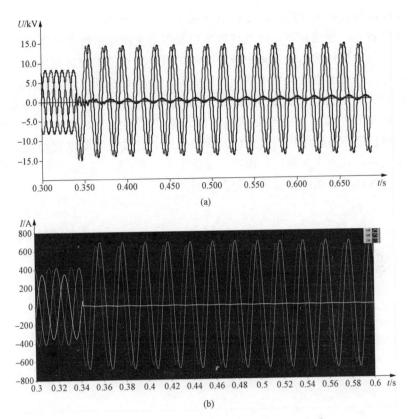

图 7-52 经消弧线圈（过补偿）接地 A 相接地故障母线三相电压仿真与实测波形图

(a) 仿真图；(b) 实测图

息接入到单相接地故障定位及选线装置后，就可以模拟母线或馈线故障时电压、电流的变化，进而验证单相接地故障定位和选线的正确性。

2. 应用成效

有源复杂配电网动模平台可模拟仿真多样的配电网运行方式，并提供丰富的检测接口，作为通用性检测平台，实现配电自动化系统"三遥"、故障识别、通信规约等功能的测试，还可以开展选线装置、新型故障指示器、电流信号注入源、低压智能配电箱、无功补偿装置等的检测，保障配电网新设备、新技术入网时的功能完善、性能完好。

（1）配电网状态仿真分析。配电网是一个规模庞大、结构复杂、多因素相互影响的系统，单纯通过数学建模无法模拟配电网的运行规律和物理现象。有源复杂配电网动模仿真根据相似性原理，使用与实际系统具有相同物理性质且参数标幺值一致的模拟元件，将一个真实的配电网复制到实验室中，保证在模型上所反映的过程和实际系统中的过程相似，具有直观性、广泛性、灵活性和整体性等特点，能够发现一些现代数字仿真所不能发现的物理现象。

（2）集约化检测。通过集中开展联调试验、到货抽检发挥集约化、规模化检测效益。以配电自动化系统联调试验为例，一套待检配电自动化系统（含主站和终端）采用传统的检测现场方法至少需 6 个工日·人，而通过动模平台检测时，可在上位机自动完成测试场景的设定，包括中性点接地方式、线路类型、线路长度和运行结构的变化以及故障模拟，完成被测配电自动化系统的各项功能检测，减少人为接线、操作，仅需 1 个工日·人，极大提高了检测效率，实现了配电自动化系统投运前百分百联调。

附录 A　规划供电区域划分表

规划供电区域划分见附表 A-1。

附表 A-1　　　　　　　　规划供电区域划分表

规划供电区域		A+	A	B	C	D	E
行政级别	直辖市	市中心区 或 $\sigma \geqslant 30$	市区 或 $15 \leqslant \sigma < 30$	市区 或 $6 \leqslant \sigma < 15$	城镇 或 $1 \leqslant \sigma < 6$	农村 或 $0.1 \leqslant \sigma < 6$	—
	省会城市、计划单列市	$\sigma \geqslant 30$	市中心区 或 $15 \leqslant \sigma < 30$	市区 或 $6 \leqslant \sigma < 15$	城镇 或 $1 \leqslant \sigma < 6$	农村 或 $0.1 \leqslant \sigma < 6$	—
	地级市（自治州、盟）	—	$\sigma \geqslant 15$	市中心区 或 $6 \leqslant \sigma < 15$	市区、城镇或 $1 \leqslant \sigma < 6$	农村 或 $0.1 \leqslant \sigma < 1$	农牧区
	县（县级市、旗）	—	—	$\sigma \geqslant 6$	城镇 或 $1 \leqslant \sigma < 6$	农村 或 $0.1 \leqslant \sigma < 6$	农牧区

注：1. σ 为供电区域的规划负荷密度（MW/km^2）。

　　2. 供电区域面积一般不小于 $5km^2$。

　　3. 计算负荷密度时，应扣除 110（66）kV 专线负荷，以及高山、戈壁、荒漠、水域、森林等无效供电面积。

附录 B t 分布表

t 分布在不同置信概率 p 与自由度 v 的 $t_p(v)$ 值（t 值）见附表 B-1。

t 分布表

自由度 v	p					
	68.27%	90%	95%	95.45%	99%	99.73%
1	1.84	6.31	12.71	13.97	63.66	235.80
2	1.32	2.92	4.30	4.53	9.92	19.21
3	1.20	2.35	3.18	3.31	5.84	9.22
4	1.14	2.13	2.78	2.87	4.60	6.62
5	1.11	2.02	2.57	2.65	4.03	5.51
6	1.09	1.94	2.45	2.52	3.71	4.90
7	1.08	1.89	2.36	2.46	3.50	4.53
8	1.07	1.86	2.31	2.37	3.36	4.28
9	1.06	1.83	2.26	2.32	3.25	4.09
10	1.05	1.81	2.23	2.28	3.17	3.96
11	1.05	1.80	2.20	2.25	3.11	3.85
12	1.04	1.78	2.18	2.23	3.05	3.76
13	1.04	1.77	2.16	2.21	3.01	3.69
14	1.04	1.76	2.14	2.20	2.98	3.64
15	1.03	1.75	2.13	2.18	2.95	3.59
16	1.03	1.75	2.12	2.17	2.92	3.54
17	1.03	1.74	2.11	2.16	2.90	3.51
18	1.03	1.73	2.10	2.15	2.88	3.48
19	1.03	1.73	2.09	2.14	2.86	3.45
20	1.03	1.72	2.09	2.13	2.85	3.42

自由度 v	p					
	68.27%	90%	95%	95.45%	99%	99.73%
25	1.02	1.71	2.06	2.11	2.79	3.33
30	1.02	1.70	2.04	2.09	2.75	3.27
35	1.01	1.70	2.03	2.07	2.72	3.23
40	1.01	1.68	2.02	2.06	2.70	3.20
45	1.01	1.68	2.01	2.06	2.69	3.18
50	1.01	1.68	2.01	2.05	2.68	3.16
100	1.005	1.660	1.984	2.025	2.626	3.077
∞	1.000	1.645	1.960	2.000	2.576	3.000

注：（1）对期望 μ，总体标准 σ 的正态分布描述某量 z，当 $k=1$，2，3 时，区间 $\mu \pm k\sigma$ 分别包含分布的 68.27%、95.45%、99.73%。

（2）当自由度较小而又有较准确要求时，非整数的自由度可按以下两种方法之一内插计算 t 值：

1）按非整 v 内插求 $t_p(v)$。

例如：对 $v=6.5$，$p=0.997\ 3$

由 $t_p(6)=4.90, t_p(7)=4.53$

得 $t_p(6.5)=4.53+(4.90-4.53)(6.5-7)/(6-7)=4.72$。

2）按非整 v 由 v^{-1} 内插求 $t_p(v)$。

例如：对 $v=6.5$，$p=0.997\ 3$，

由 $t_p(6)=4.90, t_p(7)=4.53$

得 $t_p(6.5)=4.53+(4.90-4.53)(1/6.5-1/7)/(1/6-1/7)=4.72$

以上两种方法中，第二种方法更为准确。

参 考 文 献

[1] 陈彬，张功林，黄建业．配电自动化系统实用技术［M］．北京：机械工业出版社，2015.

[2] 郭谋发，高伟，陈彬．配电自动化技术［M］．北京：机械工业出版社，2012.

[3] 陆俭国，张乃宽，李奎．低压电器的试验与检测［M］．北京：中国电力出版社，2007.

[4] 陈璧光，沈能士．电器试验和测量技术［M］．北京：中国电力出版社，1998.

[5] 刘智敏，陈坤尧，翁怀真，等．测量不确定度手册［M］．北京：中国计量出版社，1997.

[6] 钱绍圣．测量不确定度：实验数据的处理与表示［M］．北京：清华大学出版社，2002.

[7] 张凤鸽，杨德先，易长松．电力系统动态模拟技术［M］．北京：机械工业出版社，2014.

[8] 刘健，刘东，等．配电自动化系统测试技术［M］．北京：水利水电出版社，20015.

[9] 陈堂，赵祖康，陈星莺，等．配电系统及其自动化技术［M］．北京：中国电力出版社，2003.

[10] 刘健，倪建立，邓永辉．配电自动化系统［M］．北京：中国水利水电出版社，2003.

[11] 刘东．配电自动化系统试验［M］．北京：中国电力出版社，2004.

[12] 宋明顺．测量不确定度评定与数据处理［M］．北京：中国计量出版社，2000.

[13] 沙定国．实用误差理论与数据处理［M］．北京：北京理工大学出版社，1993.

[14] 王久和，李春云，苏进．电工电子实验教程［M］．北京：人民邮电出版社，2004.

[15] 田华．电子测量技术［M］．陕西：西安电子科技大学出版社，2005.

[16] 李孟源，李作良．计量技术基础［M］．陕西：西安电子科技大学出版社，2007.

[17] 林德杰，林均淳，许锦标，等．电气测试技术［M］．北京：机械工业出版社，1998.

[18] 李希文，赵建，等．电子测量技术［M］．陕西：西安电子科技大学出版社，2008.

[19] 王川，陈传军，何正宏．电子仪器与测量技术［M］．北京：人民邮电出版社，2008.

[20] 温希忠，张志远．电工仪表与电气测量［M］．山东：山东科学技术出版社，2007.

[21] 陆绮荣，吴有恩，谭诚臣．电子测量技术［M］．北京：电子工业出版社，2003.